新型舰载无人机总体结构设计及作战应用

申文才　丁泽民　编著

国防工业出版社

·北京·

内 容 简 介

本书围绕新型舰载无人机总体结构设计和作战应用进行论述，全书共 7 章，主要内容包括舰载无人机概述、舰载无人机平台结构设计、舰载无人机动力装置结构设计、新型舰载无人机总体结构设计、舰载无人机作战应用基础、舰载无人机作战应用综述及新型舰载无人机作战应用。书中内容贯穿新型舰载无人机设计和应用的整个过程，所阐述的设计理论、作战理念和技术方法可供无人机、航空发动机结构设计人员及海上作战指挥理论研究人员参考。

图书在版编目（CIP）数据

新型舰载无人机总体结构设计及作战应用 / 申文才，丁泽民编著. —北京：国防工业出版社，2024.9
ISBN 978-7-118-13194-9

Ⅰ. ①新… Ⅱ. ①申… ②丁… Ⅲ. ①舰载飞机-无人驾驶飞机-系统结构-结构设计 ②舰载飞机-无人驾驶飞机-作战 Ⅳ. ①V279 ②E926.392

中国国家版本馆 CIP 数据核字（2024）第 104620 号

※

*国防工业出版社*出版发行
（北京市海淀区紫竹院南路 23 号　邮政编码 100048）
北京凌奇印刷有限责任公司印刷
新华书店经售

*

开本 787×1092　1/16　印张 10¼　字数 224 千字
2024 年 9 月第 1 版第 1 次印刷　印数 1—1200 册　定价 68.00 元

（本书如有印装错误，我社负责调换）

国防书店：（010）88540777　　书店传真：（010）88540776
发行业务：（010）88540717　　发行传真：（010）88540762

前　言

随着无人机技术逐渐成熟，包括美国在内的世界多数国家开始加强对新型舰载无人机的研制和应用研究，未来随着舰载无人机在军事领域应用不断走向深入，不仅无人机本身，甚至其他无人作战力量和配套设备也会迅速发展完善。为适应世界新军事变革需要，确保各方在未来无人作战领域占据一定优势，当下应进一步深入研究舰载无人机及其应用。本书根据当前无人作战形势，从舰载无人机总体结构设计及作战应用出发，研究如何进行技术创新，并提出一系列设计应用方案供广大科研、生产和应用单位参考。本书主要创新点包括两个方面。

一、新型舰载无人机的结构设计研究

1. 针对当前驱护舰及轻型航空平台在搭载垂直起降无人机用于反潜、高空远距离侦察等方面严重空缺的问题，在现有成熟技术的基础上推出垂直起降固定翼无人机、倾转双轴四旋翼无人机，并根据无人机特点设计相应的动力装置。两种新型垂直起降无人机解决了传统固定翼无人机不能垂直起降、现有无人直升机控制技术复杂等问题。

2. 设计、研制并装配固定翼水陆两栖无人机，可以解决舰载固定翼无人机回收难度大的问题，从而为舰艇两栖登陆作战、对海突击、侦察预警提供新的作战方式。本书针对该课题提出一种双桨共轴水陆两栖无人机，旨在解决传统固定翼无人机在海上平台起降困难的问题。通过设计创新，使无人机满足陆地及水上起降特殊要求，同时确保无人机在水上降落时阻力小，起飞平稳。

3. 提出一种能够在海上平台起降的可变翼超声速无人机方案，其结构特点包括：动力系统采用一台旋转脉冲爆震涡扇发动机推进，前起落架采用双轮结构，向后收起，后起落架采用单轮结构，向前收起；机身头部结构加固，采用弹射或自行加速起飞，阻拦索降落；采用飞翼式和蝶形尾翼气动布局，机翼两端可向上折叠，高速飞行时机翼向上折起并与蝶形尾翼搭接固定，低速飞行及起降时机翼展开以增大升力。

二、新型舰载无人机的作战应用研究

1. 研究新型舰载垂直起降无人机在水面舰船上的作战应用，利用倾转双轴四旋翼无人机控制灵活简单、可垂直起降的优势，研究其用于执行战场保障、对潜搜索任务的相关方法和模式。利用固定翼垂直起降无人机可进行超低空失速飞行和悬停机动等优势，研究其用于执行对海突防、支援两栖作战任务的相关方法和模式。

2. 两栖攻击舰、登陆舰由于其使命任务及结构设计的限制，自身反潜、防空能力相比其他战斗舰艇相对较弱，因此在登陆舰执行相关任务时，需要其他空中和水面力量作为支援才能完成相应的作战任务。为弥补上述缺陷，需完善该类舰船在单独执行任务或局部作战中的防御能力，利用水陆两栖无人机可在海上航行和起降，同时便于水面舰艇发射和回收的特点，研究该型无人机在两栖攻击舰上的作战应用问题。

3. 利用可变翼超声速无人机巡航时间长、高速飞行阻力小、起降不易失速等优势，研究其部署于大型水面舰艇平台后在有人/无人协同作战方面的应用问题。

全书分 7 章对新型舰载无人机的设计和应用进行论述，重点介绍新型舰载无人机及其发动机的总体结构设计、新型舰载无人机在水面舰艇上的应用以及战法研究。第 1 章主要介绍世界主要国家舰载无人机的发展现状及未来方向；第 2 章介绍典型无人机平台结构设计流程、计算及建模方法；第 3 章介绍典型无人机动力装置结构设计流程、计算及建模方法；第 4 章介绍四种新型舰载无人机的研究背景、结构设计及运行原理；第 5 章介绍无人机导航系统、舰面控制站、任务载荷、通信系统、收放保障系统及其作战应用；第 6 章介绍舰载无人机作战运用等研究现状和未来发展方向；第 7 章介绍 4 种新型舰载无人机在水面舰艇上的应用。

由于作者水平和精力有限，书中难免有不当之处，敬请各位同行、专家和读者给予指正。

申文才

2024 年 1 月

符 号 说 明

u	圆周方向气流速度
c	轴向气流速度
n	发动机转速
m	质量流量
ρ	气流密度
d_m	涡轮平均直径
d_a	涡轮叶尖处直径
d_i	涡轮叶根处直径
β	涡轮叶片出口角
F	发动机推力
A	发动机通流部分截面积
T	气流温度
T_1	大气温度
P_1	大气压强
C_{pa}	空气定压比热容
R_a	气体常数
k	绝热指数
d_{22}	压气机叶轮入口叶顶直径
d_{21}	压气机叶轮叶根直径
η_{1-2}	进气道效率
T_2	进气道出口温度
P_2	进气道出口压强
ρ_2	密度
m_2	质量流量
$T_{2.5}$	扩压器入口温度
$P_{2.5}$	扩压器入口压强
$\rho_{2.5}$	扩压器入口气流密度
$c_{r2.5}$	扩压器入口气流径向速度
$c_{u2.5}$	扩压器入口气流切向速度
$u_{2.5}$	叶轮外径线速度
$\alpha_{2.5}$	扩压器入口角
$W_{2-2.5}$	叶轮做功

T_3	扩压器出口温度、燃烧室入口温度
P_3	扩压器出口压强、燃烧室压力
ρ_3	扩压器出口气流密度、燃烧室空气密度
c_3	扩压器出口气流绝对速度
σ_3	扩压器叶片阻塞系数
m_a	燃烧室空气总质量流量
m_f	燃油质量流量
Q_{LHV}	航煤低热值
C_{pa}	空气定压比热容
C_{pg}	燃气的定压比热容
T_4	燃烧室出口温度
η_r	燃烧效率
A_j	燃烧室截面积
L	长度
m_0	燃油喷管开孔处进入燃烧室的空气量
A_k	燃烧室开孔面积
m_3	燃烧室空气总流量
$T_{4.5}$	导向器出口温
$P_{4.5}$	导向器出口压强
$\rho_{4.5}$	导向器出口燃气密度
$c_{a4.5}$	导向器出口燃气轴向速度
$c_{u4.5}$	导向器出口燃气切向绝对速度
$u_{4.5}$	燃气平均线速度
$\alpha_{4.5}$	导向器出口角
$W_{4.5-5}$	涡轮耗功
T_5	涡轮出口温度
P_5	涡轮出口压强
ρ_5	涡轮出口气流密度
c_5	涡轮出口气流绝对速度
T_6	动力涡轮导向器入口温度
P_6	动力涡轮导向器入口压强
ρ_6	动力涡轮导向器入口气流密度
c_6	动力涡轮导向器入口气流绝对速度
d_6	动力涡轮内径
d_7	动力涡轮外径
$T_{6.5}$	动力涡轮导向器出口温度
$P_{6.5}$	动力涡轮导向器出口压强
$\rho_{6.5}$	动力涡轮导向器出口燃气密度

$c_{a6.5}$	动力涡轮导向器出口燃气轴向速度
$c_{u6.5}$	动力涡轮导向器出口燃气切向绝对速度
$u_{6.5}$	燃气平均线速度
$\alpha_{6.5}$	动力导向器出口角
$W_{6.5-7}$	动力涡轮耗功
T_7	动力涡轮出口温度
P_7	动力涡轮出口压强
ρ_7	动力涡轮出口气流密度
c_7	动力涡轮出口气流绝对速度
T_8	排气壳出口温度
P_8	排气壳出口压强
ρ_8	排气壳出口气流密度
I_v	单位体积冲量
d	爆震管直径
f	爆震频率
μ	黏度、经验系数
b	翼型弦长
Re	雷诺数
F_a	升力
F_z	阻力
S	面积
D	直径
l	桨距
C_l	翼型升力系数
C_d	机翼阻力系数
C_{di}	诱导阻力系数
W	发动机轴功率
C_a	无人机升力系数
C_w	机翼、机身、起落架等阻力系数
v_{max}	无人机最大速度
a	加速度
G	重量
i_1	皮带轮传动比
i_2	减速器传动比
ε	压缩比
φ_a	过量空气系数
φ_r	残余废气系数
ζ_z	热量利用系数
φ_i	示功图丰满系数

η_m	机械效率
n_1	平均多变压缩指数
n_2	平均多变膨胀指数
H_u	燃料低热值
μ_0	理论分子变化系数
τ	发动机冲程数
i	发动机气缸数
V_a	进气体积
P_a	进气终点压力
T_a	进气终点温度
P_r	排气终点压力
T_r	排气终点温度
η_v	充气效率
V_c	压缩终点体积
P_c	压缩终点压力
T_c	压缩终点温度
P_z	燃烧过程终点压力
T_z	燃烧过程终点温度
P_b	膨胀过程终点压力
T_b	膨胀过程终点温度
η_i	指示热效率
P_i'	理论平均指示压力
b_i	指示燃油消耗率
P_{me}	平均有效压力
η_e	有效热效率
b_e	有效燃油消耗率

目　　录

第 1 章　舰载无人机概述 ·· 1
　1.1　舰载固定翼无人机 ··· 1
　　1.1.1　"扫描鹰"无人机 ·· 1
　　1.1.2　X-47B 无人机 ·· 2
　　1.1.3　MQ-25 无人机 ·· 4
　1.2　舰载无人直升机 ··· 4
　　1.2.1　MQ-8C 无人机 ·· 5
　　1.2.2　S-100 无人机 ··· 6
　　1.2.3　卡-137 无人机 ··· 7
　　1.2.4　AR-500BJ 无人机 ·· 8
　1.3　舰载倾转旋翼无人机 ·· 8
　　1.3.1　"鹰眼"无人机 ·· 8
　　1.3.2　V-247 无人机 ·· 9
　　1.3.3　"黑豹"无人机 ·· 10
　　1.3.4　TR-60 无人机 ··· 10
　　1.3.5　"彩虹-10"无人机 ·· 12
　1.4　舰载无人机发展趋势 ·· 12

第 2 章　舰载无人机平台结构设计 ·· 14
　2.1　舰载固定翼无人机结构设计计算 ··· 14
　　2.1.1　固定翼无人机组成 ·· 14
　　2.1.2　无人机结构设计流程 ·· 15
　　2.1.3　无人机结构设计计算 ·· 15
　2.2　双旋翼无人机结构设计计算 ·· 19
　　2.2.1　双旋翼无人机结构组成 ··· 19
　　2.2.2　无人机结构设计流程 ·· 20
　　2.2.3　无人机结构设计计算 ·· 20
　2.3　无人机平台结构设计建模 ·· 22
　　2.3.1　固定翼无人机机身建模 ··· 23
　　2.3.2　固定翼无人机机翼建模 ··· 23
　　2.3.3　起落架建模 ·· 24
　　2.3.4　旋翼类无人机机身建模 ··· 24
　　2.3.5　无人机旋翼系统建模 ·· 25

IX

  2.3.6 减速传动系统建模 ··· 27
  2.3.7 倾转控制部件建模 ··· 32

第3章 舰载无人机动力装置结构设计 ·· 37
 3.1 汽油发动机结构设计及计算 ·· 37
  3.1.1 斜盘柱塞式四冲程汽油机设计流程 ··································· 37
  3.1.2 汽油发动机设计计算 ··· 38
 3.2 燃气涡轮发动机结构设计及计算 ·· 41
  3.2.1 燃气涡轮发动机结构设计流程 ··· 42
  3.2.2 燃气涡轮发动机结构设计计算 ··· 42
 3.3 旋转脉冲爆震涡扇发动机结构设计及计算 ··· 51
  3.3.1 旋转脉冲爆震涡扇发动机结构设计流程 ······························ 51
  3.3.2 旋转脉冲爆震涡扇发动机结构设计计算 ······························ 51
 3.4 动力装置辅助系统设计 ·· 54
  3.4.1 点火系统 ·· 55
  3.4.2 燃油系统 ·· 56
  3.4.3 润滑、冷却系统 ·· 57
 3.5 动力装置结构设计建模 ·· 57
  3.5.1 四冲程汽油发动机建模 ·· 57
  3.5.2 燃气涡轮发动机建模 ··· 59
  3.5.3 管件类零件建模 ·· 61
  3.5.4 组件类部件建模 ·· 61

第4章 新型舰载无人机总体结构设计 ·· 63
 4.1 固定翼垂直起降无人机总体结构设计 ·· 63
  4.1.1 研究背景 ·· 63
  4.1.2 无人机总体结构设计 ··· 64
  4.1.3 动力装置结构设计 ··· 66
  4.1.4 工作原理 ·· 70
  4.1.5 总结 ·· 72
 4.2 倾转共轴四旋翼无人机总体结构设计 ·· 72
  4.2.1 研究背景 ·· 72
  4.2.2 无人机总体结构设计 ··· 72
  4.2.3 发动机结构设计 ·· 76
  4.2.4 工作原理 ·· 79
  4.2.5 总结 ·· 80
 4.3 双桨共轴水陆两栖无人机总体结构设计 ··· 80
  4.3.1 研究背景 ·· 80
  4.3.2 无人机总体结构设计 ··· 81
  4.3.3 发动机结构设计 ·· 83
  4.3.4 工作原理 ·· 86

    4.3.5 总结 ·· 87
  4.4 可变翼超声速无人机 ·· 88
    4.4.1 研究背景 ·· 88
    4.4.2 无人机总体结构设计 ·· 88
    4.4.3 发动机结构设计 ·· 90
    4.4.4 工作原理 ·· 95
    4.4.5 总结 ·· 96

第 5 章 舰载无人机作战应用基础 ·· 97
  5.1 舰载无人机飞行控制系统及应用 ··· 97
    5.1.1 飞行控制系统介绍 ·· 97
    5.1.2 飞行控制系统应用 ·· 100
  5.2 舰载无人机舰面控制站及应用 ·· 102
    5.2.1 舰面控制站介绍 ·· 102
    5.2.2 舰面控制站应用 ·· 104
  5.3 舰载无人机任务载荷及运用 ·· 105
    5.3.1 任务载荷介绍 ·· 105
    5.3.2 任务载荷搭配 ·· 106
    5.3.3 任务载荷运用 ·· 107
  5.4 舰载无人机数据链及运用 ··· 108
    5.4.1 数据链介绍 ··· 108
    5.4.2 数据链运用 ··· 108
  5.5 舰载无人机发射和回收 ·· 109
    5.5.1 垂直起降无人机发射与回收 ·· 109
    5.5.2 固定翼无人机发射与回收 ·· 110

第 6 章 舰载无人机作战应用综述 ·· 112
  6.1 传统作战 ·· 113
    6.1.1 情报侦察 ·· 114
    6.1.2 电子对抗 ·· 114
    6.1.3 目标指示 ·· 114
    6.1.4 中继通信 ·· 115
    6.1.5 特种作战 ·· 115
    6.1.6 战场保障 ·· 116
  6.2 协同作战 ·· 116
    6.2.1 多无人机协同作战 ·· 117
    6.2.2 有人/无人机协同作战 ·· 118
    6.2.3 舰机协同作战 ·· 120
  6.3 集群作战 ·· 121
    6.3.1 集群作战概况 ·· 121
    6.3.2 集群作战应用 ·· 123

XI

  6.4 联合作战 ·· 124
    6.4.1 空海一体作战 ··· 125
    6.4.2 两栖联合作战 ··· 126

第7章 新型舰载无人机作战应用 ·· 128
  7.1 舰载固定翼垂直起降无人机作战应用 ··· 129
    7.1.1 无人机特点 ··· 129
    7.1.2 作战基础 ·· 130
    7.1.3 作战应用 ·· 131
    7.1.4 综合防御 ·· 133
    7.1.5 风险防控 ·· 134
  7.2 舰载倾转双轴四旋翼无人机作战应用 ··· 134
    7.2.1 无人机特点 ··· 134
    7.2.2 作战基础 ·· 135
    7.2.3 作战应用 ·· 135
    7.2.4 综合防御 ·· 137
    7.2.5 风险防控 ·· 138
  7.3 舰载水陆两栖无人机作战应用 ··· 138
    7.3.1 无人机特点 ··· 139
    7.3.2 作战基础 ·· 139
    7.3.3 作战应用 ·· 140
    7.3.4 综合防御 ·· 143
    7.3.5 风险防控 ·· 143
  7.4 舰载可变翼超声速无人机作战应用 ·· 144
    7.4.1 无人机特点 ··· 144
    7.4.2 作战基础 ·· 145
    7.4.3 作战应用 ·· 146
    7.4.4 综合防御 ·· 148
    7.4.5 风险防控 ·· 149

参考文献 ··· 150

第1章 舰载无人机概述

舰载无人机是现代海军水面舰艇部队、航空兵的重要装备，主要用于执行情报侦察、精确打击、目标指示、战场监视、中继制导、电子对抗、作战保障等任务。由于无人机具有成本低、体积小、用途广、无人化等优势，目前世界主要国家均通过直接采购、技术引进、自主研发等方式，装配和服役了型号各异的舰载无人机。随着无人机系统相关技术的不断发展，未来还会有更多性能优越、应用广泛的舰载无人机投入使用。

舰载无人机按照结构及动力形式可分为固定翼无人机、无人直升机及倾转旋翼无人机三种。固定翼无人机一般要借助舰艇平台的弹射系统或者有人机空中投放实现离舰升空，同时需要依靠相应的阻拦、着舰系统实现降落。由于舰载固定翼无人机起降程序复杂、保障装备多、技术难度大等原因，目前发展受到一定限制。而无人直升机及倾转旋翼无人机则采用垂直起降方式升空和着舰，由于这类无人机对搭载平台要求较低、本身机动灵活、应用领域多等原因，逐渐受到越来越多国家的青睐。目前如美国、英国、俄罗斯、德国、韩国等国家正致力于开发倾转旋翼无人机、无人直升机以及固定翼垂直起降无人机，未来或将应用于海军水面舰艇作战各个领域。

1.1 舰载固定翼无人机

20世纪70年代起，以色列开展了大量早期无人机研发工作，先后研制了"侦察兵""猛犬"等军用微型无人机。在此基础上，美国海军引进以色列生产的陆军用无人机并进行了舰载适应性改进。1986年年底，美国海军引进RQ-2"先锋"无人机，用于装备海军舰艇。RQ-2无人机采用火箭助推起飞和垂直撞网回收，该机先后在三艘美国海军舰艇上服役，到2002年结束。另一款采用水上迫降回收的无人机是DRS技术公司研制的"海王星"无人机，质量为36kg，于2002年首飞。除了海面迫降能力外，一些无人机还能从海面起飞，如质量70kg的水陆两用"勇士"无人机等。

21世纪初，"天钩"无人机回收系统在舰艇上应用后，"扫描鹰"无人机作为舰载无人机得到了广泛应用和发展。随后美国又研制发展了X-47B、MQ-25等航母隐身舰载无人机。目前现役的舰载固定翼无人机典型代表有"扫描鹰"、MQ-25无人机。

1.1.1 "扫描鹰"无人机

"扫描鹰"无人机由美国波音公司和英国因斯特公司联合开发，配有日光和红外摄像机，是一种低成本，可提供高质量图像情报、监视侦察以及执行其他特殊任务的自主式长航时无人机系统，如图1-1所示。系统主要由1架或者2架"扫描鹰"无人机、弹射发射装置、"天钩"回收装置、地面或舰上控制工作站和运输存储箱组成。"扫描鹰"无

1

人机长 1.48m，翼展为 3.11m，空机质量 12.4kg，最大起飞质量 22kg，最大飞行高度 5029m，航程 96km，巡航速度约 142km/h，续航时间超 16h。如图 1-2 所示，该无人机通过气动弹射发射架发射，并采用"天钩"系统回收，由于降落过程，无须接触地面，因此具有全地形降落的能力，可在前沿阵地、移动车辆和小型舰船上操作使用。目前"扫描鹰"无人机在美国、澳大利亚、英国、荷兰、菲律宾、印尼和越南等国家均有装备。

图 1-1 "扫描鹰"在舰艇上发射起飞

图 1-2 "扫描鹰"通过"天钩"系统回收

1.1.2 X-47B 无人机

2000 年 6 月 30 日，美国国防预先研究计划局和海军起动了舰载无人作战飞机（UCAV-N）先进技术项目——X-47 验证机。X-47 分 A、B 两种型号。2001 年，海军授予诺斯罗普·格鲁曼公司合同，为其研制UCAV验证机X-47A。该计划的设计考虑包括腐蚀性的海水环境、发射和回收甲板处理、指挥控制系统集成及航母强电磁干扰工作环境。该机于2003年进行了首次试飞，成功验证了舰载无人作战飞机的技术可行性。2007年8月，美国海军选中诺斯罗普·格鲁曼公司的X-47B作为海军UCAS-D项目的验证机，用于验证无人机在航母上从起飞到着舰的舰载适应性能力以及与航母的协同配合等技术，帮助海军确定未来正式型号的技术要求。2011年2月，X-47B验证机在爱德华空军基地首飞成功，如图1-3所示。

图1-3　X-47B在航母上自主降落

2011年5月，美国海军UCAS-D项目进入第二阶段，即"无人舰载空中监视与打击系统"（UCLASS）。2012年11月，在"杜鲁门"号航母上开展首次航母操控测试，2013年11月X-47B在"罗斯福"号航母进行了自主弹射起飞和拦阻着舰全流程飞行试验。2014年8月，X-47B与"大黄蜂"F/A-18在"罗斯福"号航母协同起降。2015年4月，X-47B首次与波音707加油机完成自主空中受油试验，加注燃油4000磅①。2016年5月，美国将UCLASS调整为舰载无人空中加油系统（CBARS），X-47B项目至此终止。

X-47B采用弯曲的进气口，并在机翼折叠处设计了一个连接件，既可产生光滑的导电表面，维持飞机蒙皮的导电连续性，又避免了恶化飞机的信号特征。由于采用了飞翼式气动布局，因而可对所有雷达波段的宽频带提供低可观察性保护，不仅可规避高频率探测器（如反飞机雷达和地空、空空导弹等），也能规避低频率发射器（远程搜索雷达）搜索。

X-47B的最大使用高度在13km，但它需要经常低空飞行执行任务，所以不能将红外和其他光电传感器嵌入机腹下面，其机腹呈向下凸出的独木舟形状，以便设置能探测前向目标的孔径。研究人员考虑在飞翼前后缘填满天线，用于收集信号和电子信息，同时考虑安装一套电扫雷达天线，甚至以后用拱形天线阵作为飞机蒙皮的一部分。传感器

---

① 磅（lb，1lb≈0.4536kg）

一体化设计的空气动力外形设计要优先于低可观察性外形设计,以确保它在航母上自主起降,这比起无线电频率或红外隐身来说更为重要。X-47B 的作战半径为 2778km,机载传感系统具有探测敌方导弹和识别地面目标的功能,机载计算机具有自主跟踪、攻击的决断能力。它还具有独特的通信和遥控方式,其性能和战场生存能力能够满足联合网络作战的要求,为美军执行全天候的作战任务提供支持。另外,X-47B 还能进行空中加油,以提高战场覆盖能力。

1.1.3 MQ-25 无人机

在 X-47B 基础上,美国波音公司开发研制了 MQ-25 无人机,主要为美海军航母舰载战斗机提供空中加油服务。该机首架于 2019 年 9 月在美国圣路易斯机场首飞成功。MQ-25 无人机被认为是美国海军 X-47B 项目的后继者,主要针对美海军航母编队当前缺乏可靠的空中加油机问题,提供一种低成本的并且能在航母上起降的空中加油平台。

MQ-25 项目于 2016 年起动,采用翼-身-尾融合的设计概念,气动布局上采用了 V 形尾翼和机背进气口设计,比起其他布局相近的舰载机来说,翼身融合更加明显。MQ-25 无人机最多可携带 14t 燃油,并在距离航母 926km 的加油站为 4~6 架有人战斗机输送 6.8t 的燃油,可使战斗机的有效打击范围增加 555~740km,从而有效扩大航母打击群的作战半径。MQ-25 除了承担着空中加油任务,还可以在侦察、监视等方面发挥不小的作用。在MQ-25 的机身上,可以挂载小型弹药,执行打击任务。同时,在机腹上还有一个弹舱,至少能装下两枚 227kg JDAM,因此该机实际上具备部分对海打击能力。

2021 年 6 月,MQ-25 无人机的一架演示验证机首次为 F/A-18 "超级大黄蜂"完成加油,如图 1-4 所示。在此基础上还先后开展了为 F-35C 舰载隐身战斗机、E2-D 舰载预警机等机种进行空中加油的试验,这标志着 MQ-25 无人机具备为多种美海军舰载机空中加油的能力。

图 1-4 MQ-25 无人机验证机为一架 F/A-18 加油

1.2 舰载无人直升机

20 世纪 90 年代以来,随着微电子技术、自动控制技术、传感技术,数字通信技术以及导航技术的不断发展和运用，无人直升机技术日趋成熟。与固定翼无人机相比，无人直升机具有起飞着陆场地小、垂直起降、空中悬停、使用灵活等一系列优点，因此更适合于在战场前沿以及舰艇等狭窄场地起降，可用于完成监视侦察、目标捕获与指示、中继制导、战损评估、通信中继和电子干扰等任务。

几十年来世界各国相继研发和应用的舰载无人直升机包括美国的 QH-50 无人机、加拿大的 CL-227 无人机、美国的"蜂鸟"A-160 无人机等。目前实际投入使用和在研的舰载无人直升机主要包括美国的 MQ-8C 无人机、德国的"西莫斯"无人机、奥地利的 S-100 无人机、俄罗斯的卡-137 无人机、中国的 AR-500BJ 无人机、韩国的 KUS-VH 无人机等。

1.2.1 MQ-8C 无人机

MQ-8C 无人机是美国诺斯罗普·格鲁曼公司为美国海军研制的新一代舰载垂直起降战术无人机（VTUAV），主要用于执行侦察、攻击引导等任务，同时能够执行海上巡逻、反潜等多种作战任务。MQ-8C 的研制最早可追溯到 20 世纪 90 年代。该机是在施韦策公司的 330SP 型 3～4 座有人直升机的基础上改装而来的，其原型机在 2000 年 1 月完成了首次无人飞行。2020 年 9 月，美国海军第 22 直升机海上作战中队（HSC）在诺福克海军基地接收了第一架 MQ-8C 无人机。

如图 1-5 所示，MQ-8C 无人机包括无人机机体、任务载荷、地面控制单元、数据链、远程数据终端和地面维护设备等。由于借鉴了施韦策公司的成熟直升机产品，因此保留了该机原来的主体结构、发动机、旋翼和传动系统，改进了外形以提高速度，增大了油箱以延长续航时间，用余度飞行控制系统以及实现无人飞机任务所需的机载设备、软件和任务载荷取代了飞机驾驶舱，并且继承了诺斯罗普·格鲁曼公司研制的"全球鹰"无人机的部分通信系统和机载软件，因此该机的整体技术成熟度水平较高。

图 1-5 MQ-8C 无人机

目前，MQ-8C 无人机所携带的基本载荷包括：任务载荷（EO/IR/激光测距仪和目标指示/LYNX 合成孔径雷达)、VHF/UHF 通信中继载荷、TCDL 数据链、INS/GPS 组合导航系统。其中 LYNX 合成孔径雷达工作在 Ku 频段，包括收发处理单元和天线在内共计两个 LRU，能够较为便捷地安装在无人机平台上。具有合成孔径雷达和目标指示两种工作方式，具备全天候工作能力，能够获取高质量的 SAR 图像。

1.2.2　S-100 无人机

奥地利西贝尔公司研制的 S-100 无人机是当今世界上应用最广泛的无人直升机，如图 1-6 所示。该型无人机长 3.11m，旋翼直径 3.4m，高 1.12m，空重 110kg，有效载荷 50kg，最大起飞质量 200kg。S-100 由 Wankel 涡轮发动机提供动力，功率为 50 马力[①]，最大速度 130km/h，典型巡航速度 100km/h，升限 5486m。机身内部油箱储油 57L，并可配置外部油箱，在飞行速度为 55km/h、有效载荷为 34kg 时，可以执行长达 6h 的任务。由于机身小巧，灵活敏捷，S-100 能够方便地在甲板上起降、运输和存储。一般的护卫舰机库，在停放一架大型有人直升机后，还可以再容纳 5 台 S-100 无人机。该机全部机身进行防腐蚀处理，使用碳纤维复合材料和钛合金制造，且机身表面涂有特殊保护层。S-100 还能够在风力 46km/h 情况下在海上正常起降。因此该型无人机非常适合作为舰载无人机并与有人直升机搭配使用。

图 1-6　西贝尔公司的 S-100 无人机

该机可选装"鱼叉"助降系统，在战术环境中能达到高性能和易操纵性的平衡。其指挥与控制主要通过地面控制站实现，控制站配备两台计算机，用于任务规划和控制、有效载荷控制及图像检索等。无人机采用惯导和 GPS 双重导航设计，机身内安装了综合检查和防故障装置，能够实现自主降落，并保证飞行安全和精准度。S-100 无人机配备两个有效载荷舱和一个辅助电子舱，可以装备全天候稳定的光电/红外传感器和热监视设

---

① 马力（hp，1hp≈745.7W）

备以捕获高清图像，图像可以通过数据链传递到 180km 范围内的控制站，也可以携带合成孔径雷达、海事雷达、探地雷达、情报收集及通信中继设备、全地形探雷仪、激光成像雷达、扬声器、应答机、投放物品箱等，以满足执行多样化任务的需要。

由于其性能优越、用途广泛，目前已有德国、法国、意大利、澳大利亚、泰国、俄罗斯、印度、巴基斯坦、埃及、约旦、美国等国海军试用和装备了 S-100 无人机。

1.2.3 卡-137 无人机

卡-137 无人机，是俄罗斯卡莫夫设计局在卡-37 无人监视直升机的基础上发展而来的，主要用于执行军事侦察、电子对抗、通信中继、辐射和生化探测、边境巡逻等任务。如图 1-7 所示，卡-137 采用共轴双旋翼结构和四腿起落架，旋翼直径 5.3m，球形机身最大直径 1.3m，机高 2.3m，空机质量 200kg，最大起飞质量 280kg，巡航速度 145km/h，最大飞行速度 175km/h，悬停升限 2900m，最大升限 5000m，最大航程 530km，续航时间为 4h。卡-137 由于体积小、操作灵活、可自主飞行，因此适合配备到小型水面舰艇甚至潜艇上。

图 1-7 卡-137 无人机

卡-137 无人机机体为球形，分上下两个功能部分。上半部装有一台 48.5kW 的双冲程活塞式发动机以及油箱、控制系统、测高仪、卫星导航系统等。其中自动飞行数字控制系统和机载惯性卫星导航系统用于保障卡-137 完成一系列复杂的自动飞行任务。下半部根据任务和用途装备有效载荷和传感器，包括电视或红外摄像系统、无线电定位装置和信号传送装置等。

1.2.4 AR-500BJ 无人机

2022年7月23日，由中航工业直升机设计研究所研发的AR-500BJ无人机平台顺利完成了船载试飞试验，充分验证了AR-500系列无人机船载适应性改造技术的可行性。该机型于2018年开始研制立项，并于2020年11月完成陆基首飞，如图1-8所示。

图1-8 AR-500BJ 无人机

AR-500BJ无人机采用国产重油发动机，并对燃油、结构、电气、飞控等系统进行了适应性改装，突破了小型电动助降装置、着舰引导系统、舰面环境适应性、自动着舰控制律等多项关键技术，具有较高的着舰精度，具备大载重、高抗风、任务载荷模块化的特点，可广泛应用于多种舰载场景。

1.3 舰载倾转旋翼无人机

舰载倾转旋翼无人机结合了直升机和固定翼飞机的优点，既有旋翼又有固定机翼，且旋翼可以在垂直位置与水平位置相互转换。因此这种无人机兼具垂直、短距离起降和高速巡航的特点。目前从世界范围来看，倾转旋翼技术还处于起步阶段，只有少数国家技术相对成熟。

1.3.1 "鹰眼"无人机

最具代表性的倾转旋翼无人机当属美国的"鹰眼"无人机。该无人机由美国贝尔公司研制，于2006年进入海军现役，主要用于执行侦察、监视、搜索、战损评估、通信中继和电子对抗等任务。"鹰眼"无人机长约5.56m、翼展约7.37m、高约1.88m。空机质量590kg，整机总重2250kg，最大航速约360km/h，续航时间6h，最大飞行高度6096m。

如图 1-9 所示,"鹰眼"由复合材料制造,机身结构紧凑,整体呈扁豆形,具有防腐蚀、防霉菌和防盐雾的能力。机体由前机身、中机身、尾机身、机翼襟副翼和短舱组成,而且大部分可以拆卸,便于运输和维护。该无人机旋翼可倾转,起飞和着陆时,旋翼轴处于垂直状态;起飞后,旋翼轴转变为水平状态,从而使无人机由直升机模式过渡到固定翼飞行模式。相比固定翼无人机,"鹰眼"具有可垂直起降、空中悬停、操作灵活等特点,同时与无人直升机相比,"鹰眼"巡航速度更快、航时更长。

图 1-9 "鹰眼"无人机

1.3.2 V-247 无人机

V-247 无人机是德事隆子公司 Bell Helicopter 开发的新型多角度倾转旋翼无人机,该公司于 2016 年 9 月公布了 V-247 无人机的设计。V-247 可以用于执行包括电子战、机载预警(AEW)、V-22/V-280 倾转旋翼飞机的护航、情报监视和侦察、持续火力支援和战术再补给等任务。

如图 1-10 所示,V-247 基于高翼飞机设计,机身整合了长翼结构,V 形尾翼和可伸缩的三轮起落架,具备直升机垂直起降能力和固定翼飞机的高航速和长航程特点。武器装备方面,V-247 拥有一个可携带 1t 弹药的内部弹舱,4 个外挂架还可挂载 4t "地狱火"或最新的 JAGM 空地导弹,部署在"黄蜂"级、"美国"级两栖攻击舰上,可执行远距离快速攻击任务。另外,V-247 设计上可取代 SH-60 "海鹰"作为反潜机使用。该机可外挂至少 2 枚 MK50 轻型反潜鱼雷,机体中部可布置大量的反潜浮标,可使用光学探测和测距模块,360°水面雷达模块探测潜艇,是不折不扣的反潜利器。此外 V-247 的主翼和发动机短舱,可以像"鱼鹰"一样在水平方向旋转后折叠,折叠后可方便部署在后期型"阿里伯克"级、濒海战斗舰的机库里。同时该机型也可进行空运,一架 C-17 可以装载 2 架 V-247 无人机。

图 1-10 V-247 无人机

V-247 采用一台发动机提供动力，功率达 4410kW。其巡航速度为 250 节[①]，最大连续功率时速度超过 300 节。该机最大飞行高度 25000 英尺[②]，有效载荷 600 磅时，任务半径可达 450 海里[③]，续航时间 11h。

1.3.3 "黑豹"无人机

以色列无人机在全球一直处于领先地位，在倾转旋翼技术领域亦不逊色。2010 年，以色列航空工业公司（IAI）研发的"黑豹"无人机正式亮相。

"黑豹"无人机是以色列公开的一种垂直起降型无人机，如图 1-11 所示，该机装备 3 台电动机，一台位于机身尾部提供升力，两台位于机翼根部，由小型燃料电池提供动力，发动机、螺旋桨连同翼根部均可以进行 0～90°的方向偏转，可以像 V-22"鱼鹰"倾转旋翼机那样垂直起降和水平飞行。"黑豹"无人机重约 65kg，采用模块化机翼，有 2m、6m、8m 等多种翼展可供选择，在使用 6m 翼展的机翼时，可以携带 8kg 载荷连续飞行 6h，飞行高度约 3km。机腹下方挂载传感器，可以为步兵分队提供实时战场影像信息。另外，以色列研发了尺寸更小的"迷你黑豹"无人机，重 12kg，采用微型燃料电池驱动，可携带 1kg 的载荷连续飞行 90min，分解后可以由步兵背包携带。

1.3.4 TR-60 无人机

TR-60 无人机是韩国研制的一款可在舰船上自主起降的倾转旋翼无人机，如图 1-12 所示，该机由轻型复合材料制成，配装一台 40.5kW 转子发动机，机长为 3m，翼展约 5m，

---

① 节（kn，1kn=1n mile/h）
② 英尺（ft，1ft≈0.3048m）
③ 海里（n mile，1n mile≈1852m）

最大起飞重量为210kg。TR-60无人机设计携带30kg的有效载荷，可以持续飞行5h，飞行速度可达500km/h。该机于2017年完成自主起降实验，是第一款可实现自主起降的倾转旋翼无人机。

图1-11 "黑豹"无人机

图1-12 TR-60无人机

TR-60无人机首飞时采用可收放的轮式起落架，在翼尖动力舱的后端设计有支撑轮，时隔两年后，针对舰载使用的需要，换装了滑橇式起落架，并取消了动力舱后端的支撑轮。该型无人机可以从舰船上起飞，执行海上监视和渔业保护任务，也可承担搜索与救援、空中侦察、运输和通信中继等任务。

1.3.5 "彩虹-10"无人机

2018年11月6日，第十二届珠海航展，中国航天科技彩虹公司首次展出了"彩虹-10"大型倾转旋翼无人机。如图1-13所示，该机采用倾转旋翼技术，因而无须使用跑道便可完成起降，适宜在山地、舰船等复杂狭小环境中使用。"彩虹-10"标准任务载荷为50kg，可携带小型四合一光电平台，能够按照实战需求及不同的任务类型灵活配置传感器，主要由可见光摄像机、红外热像仪、激光测距仪、数码相机等组成。此外，该机还能携带一部小型的SAR侦察雷达，切实提高一线作战部队对作战区域的了解程度，为作战行动的后续展开提供有力保障。

图1-13 "彩虹-10"无人机

总体设计上，"彩虹-10"采用了较为独特的大展弦比机翼，机翼外翼段与旋翼同步倾转，显著提高了该机在固定翼状态下的气动效率，使得该机具备较高的飞行速度及较长的巡航时间。"彩虹-10"可通过携带空对舰导弹打击敌方水面舰艇，或是配备搜索雷达、声呐浮标、反潜鱼雷等装备遂行搜攻潜任务。

1.4 舰载无人机发展趋势

相比目前技术先进且应用广泛的陆基无人机，舰载无人机在应用中由于受到多种条件的限制，一段时期以来其发展相对较慢，主要原因有以下几个方面：

一是舰载无人机要求从各类舰艇上起飞、降落，并能够转向陆上作战，因此相对于陆基无人机来说，其研发和应用难度高、经费需求大。目前舰载无人机在舰上起飞和回收的保障能力、技术能力以及可靠性问题还存在较大瓶颈，发展相对缓慢。

二是随着现代海战在侦察打击、情报收集、电子干扰、协同作战、联合作战等方面作战理念不断更新发展，对武器装备的性能和功用也提出了更高的要求。目前各国现役舰载无人机由于体积较小，装载燃油和武器有限，其负载能力、活动范围、留空时间、作战能力等还不理想。因此一些复杂的应用主要还是依靠技术积累相对超前的陆基无人机实现。

三是舰载无人机是一个复杂的系统，一般是由几架无人机、舰面控制站及卫星通信与指挥所等组成，应用中还涉及起降、快速系留、甲板牵引及安全着舰系统等保障装备，而一般较小的舰艇难以搭载这些系统。

除了上述问题制约舰载无人机发展以外，与陆基无人机通用的一些技术瓶颈也还有很多。因此今后舰载无人机的发展应是围绕这些关键领域和技术瓶颈进行创新和突破。

一是环境适应性。舰载无人机要在复杂严苛的海上环境中发挥作用，不仅要面对海上高温高湿、霉菌盐雾的侵蚀，还要能抵御突如其来的恶劣天气，因此对系统的环境适应性、抗腐蚀能力等有很高要求，研发人员必须从元器件、原材料、设计理念、制造工艺、使用维护等方面全方位突破，才能研制出合格的舰载无人机。

二是无人机起降技术。舰载无人机面对的环境特殊，如空间狭小、天线密集、电磁环境复杂等，这会给舰载无人机安全起降带来很大困难。加上舰艇在海上漂泊或航行，一定程度上增加了舰载无人机的起降难度。目前舰载无人机虽然有火箭助推起飞、弹射起飞、伞降回收、撞网回收、天钩撞绳回收、垂直起降、滑跑起降等多种起降方式保障，但其可靠性和环境适应性仍不够理想，亟须不断改进。

三是精确控制技术。舰船空间狭小并经常处于移动状态，这就要求舰载无人机必须有良好的控制精度和控制技术。要做到这一点，必须从感知与测量、伺服与执行、算法与优化、自主与智能等多方面进行技术攻关。

四是先进动力技术。舰载无人机一般使用活塞发动机或涡轮喷气发动机作为动力，而对活塞发动机来说，如何不断走向轻量化、提高可靠性等，仍是亟须破解的难题。涡轮喷气发动机需要突破的技术瓶颈更多，如微小型轴流涡轮叶片、大尺寸高效率单级风扇设计制造技术等。这些技术的突破，同样需要付出大量时间、财力来完成。

五是舰机协同技术。舰载无人机的舰机协同核心是有人操作武器平台与无人机作战平台联合编组，实施协同攻击。要实现这一功能，必须大力发展相关作战理论、装备、技术，比如人工智能等。此外在突破关键技术的同时，还需要加强信任度方面的探索，通过不断摸索与试验，来解决有人/无人机协同作战中的信息分析、作战管理、人机交互、通信组网等问题。

第 2 章 舰载无人机平台结构设计

舰载无人机按结构形式主要分为固定翼无人机和旋翼类垂直起降无人机，由于这两类无人机在结构组成和控制原理方面差异较大，因此在设计时采用的具体方法和流程也有所区别。本章按照舰载无人机分类，重点介绍固定翼无人机和双旋翼无人机结构设计计算及建模方法。

2.1 舰载固定翼无人机结构设计计算

2.1.1 固定翼无人机组成

固定翼无人机总体结构由机身、机翼、尾翼、起落装置、动力装置等组成。机身主要用来装载发动机、燃油、任务载荷设备、电源、操纵控制设备、数据链设备等支撑无人机飞行所需的机载设备，机身外部安装机翼、尾翼、起落架等部件，这些部件通过与机身的组合形成无人机整体平台。

机翼主要有三个方面作用，一是作为无人机产生升力的主要部件，用于支持无人机在空中飞行。固定翼无人机的机翼一般分为左右两个翼面，其形式通常有平直翼、后掠翼、三角翼等。机翼前后缘都保持基本平直的称为平直翼，前缘和后缘都向后掠的称为后掠翼，机翼平面形状成三角形的称为是三角翼。平直翼比较适用于低速无人机，后两种适用于高速无人机。此外根据安装的位置细分，机翼还分为上单翼、中单翼和下单翼。二是作为无人机控制部件，用于稳定和操控飞机运动。在机翼的后缘安装两种活动部件，分别称为副翼和襟翼，在外侧的是副翼，在内侧的是襟翼。副翼按照差动方式偏转，即左右副翼同时以相同的角度分别向上和向下偏转，从而控制飞机做滚转运动。襟翼按照同步偏转方式动作，主要作用是在无人机起飞和降落时减少和增大阻力。对于小型无人机来说，一般不设置襟翼。三是作为承载部件，机翼还可用于挂载武器或发动机，比如大型无人机的左右机翼设有挂梁，用于外挂导弹等武器。

尾翼分为垂直尾翼和水平尾翼。垂直尾翼垂直安装在机身尾部，主要功能是为保持机体的方向平衡和方向操纵。在垂直尾翼后缘设有用于操纵方向偏转的方向舵，通过偏转方向舵，可以改变作用在垂直尾翼上的气动力方向和大小，从而使飞机机头偏转，达到改变方向的目的。基于这一原理，无人机的飞行控制系统通过控制方向舵的偏转角度就可以达到控制无人机航向偏转的目的。水平尾翼水平安装在机身尾部，左右对称布置，主要功能是通过偏转尾翼操纵面使机身保持俯仰平衡。常规的水平尾翼前段不可偏转，后缘则设置可活动的舵面，即升降舵。通过升降舵的同步偏转，可以改变水平尾翼上所受气动合力方向，从而使飞机低头或抬头。

一些特殊的无人机也有采用不设置垂直尾翼或水平尾翼的结构设计。比如采用鸭翼气动布局的无人机取消了机身后段的水平尾翼，采用飞翼式气动布局的无人机则取消了垂直尾翼，还有的无人机甚至采用 V 形或者蝶形尾翼代替水平尾翼和垂直尾翼。对于这些特殊气动布局的无人机，方向舵和升降舵的功能是由其他的舵面通过不同的偏转组合模式来实现的，这些组合控制也是通过相应的飞行控制系统程序设计实现的。

起落装置的作用是使无人机在地面或水面能够进行起飞、着陆、滑行和停放。采用轮式起飞、着陆的无人机设有三个起落架，且在起飞后通过伸缩机构收入机身或机翼下部的起落架舱门内，以减少阻力。一些低速的小型无人机或能够垂直起降的无人机，为了减少结构设计成本，一般不设计起落架收放机构。而对于采用弹射起飞、伞降或阻拦网回收的小型无人机，则一般不设计起落架。

动力装置即无人机的发动机系统，是用来产生拉力或推力，使无人机前进的装置。根据无人机的类型及其不同性能要求，固定翼无人机主要采用燃气涡轮发动机及活塞式航空发动机作为动力装置。

2.1.2 无人机结构设计流程

根据无人机结构组成及机翼产生升力的原理，固定翼无人机设计流程包括以下几个步骤：

（1）根据无人机设计飞行高度、翼展、机翼弦长、飞行速度等确定机翼雷诺数，根据雷诺数选取合适的翼型，并根据设计尺寸和气动布局设计机翼。

（2）根据设计载荷确定机翼、副翼面积，计算确定机翼安装角等。

（3）根据机翼类型、面积，无人机气动布局形式，计算和确定气动中心、重心、机身长度等。

（4）根据无人机重心、气动中心以及机身长度等参数，确定水平尾翼安装位置、面积大小。根据无人机设计航速确定垂直尾翼的面积和形式。

（5）在确定无人机机身外部气动布局和机翼结构形式后，根据油箱、发动机、起落架、任务载荷以及控制系统设备设计机身内部结构，主要包括进气道、排烟口、油箱及发动机安装位置、起落架位置和收放舱门结构等。

（6）根据设计推力和机身气动布局确定发动机、起落架、舱门系统等结构。

2.1.3 无人机结构设计计算

1. 确定翼型

设计机翼首要是确定翼型，而翼型的选取确定主要通过计算雷诺数判断。雷诺数的计算公式为

$$Re = \rho v b / \mu \tag{2.1}$$

式中：ρ 为空气密度，单位 kg/m^3，标准状态下为 1.226；v 为气流相对速度，单位 m/s；b 为翼型弦长，单位 m；μ 为黏度，取值 0.0000178。

雷诺数的大小决定该翼型所做机翼的性能，如边界层是湍流边界层还是层流边界层，普通翼型的极限雷诺数（边界层从层流变为湍流）大约是 50000，雷诺数还决定了机翼的迎角范围，在不失速的情况下，同一翼型以及相同的表面粗糙度、展弦比、机翼形状，

雷诺数越大时，其不失速攻角的范围越大。

2. 确定机翼、副翼的面积

机翼、副翼的面积是根据无人机设计载重及飞行速度确定的，目的是确保在设计载重和飞行速度下机翼能够产生足够的升力以支撑无人机起飞降落、正常巡航和姿态调整。一般固定翼无人机翼载荷为 $35\sim100\,g/dm^2$，副翼面积占机翼面积的 20%左右，长度为机翼的 30%～80%。

升力计算公式为

$$F_a = V^2 \rho S C_l / 2 \tag{2.2}$$

式中：F_a 代表升力，单位 N；V 为气流相对速度，单位 m/s；ρ 为空气密度，单位 kg/m^3；S 代表翼面积，单位 m^2；C_l 代表翼型的升力系数。

该公式计算的是翼型的理想升力，即在展弦比为无穷大时，不受翼尖涡流影响时的升力。

阻力计算公式为

$$F_z = V^2 \rho S C_d / 2 \tag{2.3}$$

式中：F_z 为阻力，单位 N；C_d 为翼型阻力系数。实际情况下机翼的阻力为翼型理想阻力和涡流诱导阻力之和，该公式计算的是翼型理想阻力。

涡流诱导阻力计算公式：

$$F_{yz} = V^2 \rho C_{di} / 2 \tag{2.4}$$

$$C_{di} = C_l^2 / 3.142 A \tag{2.5}$$

式中：F_{yz} 为诱导阻力；C_{di} 为诱导阻力系数；A 为展弦比。非圆形或梯形机翼须乘以修正系数（1.05～1.1），圆形或梯形部分越多则修正系数越小。

展弦比计算公式：

$$A = L^2 / S \tag{2.6}$$

式中：L 为翼展；S 为翼面积。展弦比通常与机翼翼尖涡流和不失速迎角范围密切相关。展舷比小的机翼，其翼尖涡流大，产生抑制边界层与机翼分离的作用力大，因此不失速迎角范围也大。一般固定翼无人机的展弦比为 5～6。

3. 确定机翼安装角及上反角

零升力迎角与绝对迎角：对称翼型的零升力迎角即翼弦与来流间夹角为 0°时的迎角，这类机翼的绝对迎角与实际的迎角一致。而非对称翼型在翼弦与来流迎角为 0°时仍有升力产生，所以其绝对迎角为迎角减去零升力迎角。零升力迎角可从翼型数据表中查得，也可用画图法求得。即在翼型中弧线上找翼型最厚处所对应的点，与后缘那点连线，这条线叫零升力弦，当它与来流夹角为 0°时，不对称翼型不产生升力。由于翼尖涡流的存在，会使机翼的实际迎角变小，变小的角度叫诱导迎角，计算公式为$18.2C_l/A$，C_l取翼型的升力系数。

下洗流对尾翼的影响：尾翼在主翼后面，若在主翼下洗流范围内，由于下洗流速为空气相对流速的 90%左右，且具有下洗角，则此时尾翼存在负迎角。为避开下洗流影响，通常在设计飞机前画一直线代表主翼弦，然后计算出下洗角，再画线代表下洗流，尾翼设计时在这条线的上方即可。下洗角计算公式为$36.5C_l/A$，C_l取翼型的升力系数。

如图 2-1 所示，机翼安装角是以飞机拉力轴线为基准，机翼的翼弦线与拉力轴线所成的夹角，一般为 0～3°。计算方式为：选取几个机翼迎角分别计算实际升力系数及翼型阻力系数、诱导阻力系数，用升力系数除以阻力系数之和，比值最大时的迎角即为机翼最佳迎角，计算出的迎角可作为机翼的安装角。

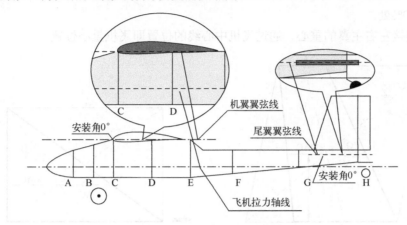

图 2-1 机翼安装角示意

4. 确定气动中心及重心

设定飞机重心之前，要先知道主翼的气动中心位置。气动中心是主翼升力的集中点，其所在的翼弦称为平均气动弦（MAC），MAC 在物理学上的意义是主翼面积的等分线。由于主翼上下表面压力分布的几何集中点约在翼弦的 25%前后，因此设定重心时，一般往机头方向取 5%～10%弦长作为安定裕度，即设在平均气动弦的 15%～20%处。重心越往前，飞行感觉越迟钝，越往后感觉越灵敏，当重心设定在 25%之后时，飞机失去纵向安定，无法保持水平飞行。无人机受力情况示意如图 2-2 所示。

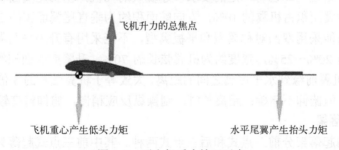

图 2-2 无人机受力情况示意

以下介绍面积等分线的计算公式，假设一个任意形状的平板，则：

$$\text{MAC} = 2C_r(1+\lambda+\lambda^2)/3(1+\lambda) \tag{2.7}$$

$$y = L(1+2\lambda)/6(1+\lambda) \tag{2.8}$$

式中：MAC 为平均气动弦长；C_t 为翼尖弦长；C_r 为翼根弦长；渐缩比 $\lambda = C_t/C_r$；y 为 MAC 沿翼展所在位置；L 为翼展。

除通过公式计算之外，也可用画图的方式来求得 MAC 所在的位置，如图 2-3、图 2-4 所示，具体步骤如下：

(1) 将 C_r 及 C_t 的中间点相连，如图 2-3 和图 2-4 中的红线①。

(2) 在 C_r 的后面接上 C_t，在 C_t 的前面接上 C_r（方向不能颠倒），将两点相连，如图 2-2 和图 2-3 中的蓝线②。

(3) 在红线①与蓝线②的交点画出翼弦，这条翼弦就是平均气动弦，重心就设定在 15%～20%处。

(4) 连接左右主翼的重心，通过飞机中心线的位置即飞机重心位置。

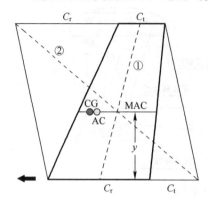

图 2-3　矩形机翼气动中心确定

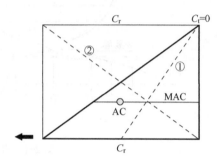

图 2-4　三角机翼气动中心确定

5. 确定无人机长度

对于固定翼无人机来说，翼展和机身的比例一般是 70%～80%。机头的长度（指机翼前缘到机头顶端之间的距离）等于或小于翼展的 15%。

6. 确定尾翼、舵面积及安装位置

垂直尾翼是用来保证飞机的纵向稳定性的，垂直尾翼面积越大，纵向稳定性越好。同时飞行速度对垂直尾翼也有一定的要求，速度大的飞机，垂直尾翼面积越大，反之就小。一般垂直尾翼面积占机翼的 10%，方向舵面积约为垂直尾翼面积的 25%。

水平尾翼只能采用双凸对称翼型和平板翼型，不能采用有升力平凸翼型。水平尾翼的面积为机翼的 20%～25%，宽度约为机翼弦长的 70%。升降舵的面积约为水平尾翼的 20%～25%。从机翼前缘到水平尾翼之间的距离，大致等于机翼弦长的 3 倍。该距离短时，操纵反应灵敏，但俯仰不精确；距离长时，则操纵反应稍慢，俯仰精度较高。

7. 确定起落架

一般飞机的起落架分前三点式和后三点式两种。其中前三点式起落架，起飞降落时方向容易控制，但着陆时容易损坏起落架，且转弯速度较快时容易向一边侧翻。后三点式起落架虽然没有以上不足，但在起飞降落时的方向控制不如前三点式好。

8. 确定发动机

对于安装螺旋桨发动机的飞机，其功重比为 0.8～1 左右，螺旋桨发动机推力计算公式为

$$F = 0.6 \sqrt[3]{W \rho \pi D^2 / 2} \tag{2.9}$$

式中：F 为发动机推力；W 为发动机轴功率；D 为螺旋桨直径；ρ 为空气密度。喷气式或其他类型发动机的推力计算公式，在第 3 章将详细介绍，这里不详述。

9. 无人机其他参数计算

升力 F_a 计算公式如下：

$$F_a = v^2 \rho C_a S / 2 \tag{2.10}$$

式中：C_a 为机翼、机身等升力系数；S 为表面积。当升力等于无人机的重力时，此时的速度为起飞速度。即

$$v = \sqrt[2]{2MgC_a S \rho} \tag{2.11}$$

发动机推力减去地面的阻力即此时牵引力，利用牵引力可以求得无人机加速度，利用起飞速度和加速度，可以求得起飞时间和滑跑距离，相应计算公式如下：

$$f = C_f Mg \tag{2.12}$$

$$(F - f) = Ma \tag{2.13}$$

$$t = v/a \tag{2.14}$$

$$s = at^2 / 2 \tag{2.15}$$

无人机最大速度 v_{max}，即当无人机阻力 F_z 等于发动机的推力时的速度，其计算公式如下：

$$F_z = v^2 \rho C_w S / 2 \tag{2.16}$$

式中：C_w 为机翼、机身、起落架等阻力系数；S 为表面积。

2.2 双旋翼无人机结构设计计算

2.2.1 双旋翼无人机结构组成

双旋翼无人机按照结构形式可分为共轴双旋翼无人机和并列双旋翼无人机。其中共轴双旋翼无人机是指在同一轴线上设置了一正一反两副旋翼的无人机，这种形式的无人机由于正反旋翼在运行中产生的扭矩相互平衡，因此不设置尾桨，其航向操纵和姿态调整通过倾斜盘和机身方向舵实现。并列双旋翼无人机是指在机身两侧分别设置一副旋翼的无人机，这类无人机由于旋翼对称安装，且转速相同、方向相反，机身无不平衡的扭转力矩，其姿态调整和飞行操纵通过两侧旋翼总距调节、周期调距或旋翼轴倾转等方式实现。

双旋翼无人机主要由正反桨叶、旋翼总成、旋翼控制系统、机身、油箱、发动机、减速传动系统、起落架等组成。桨叶是旋翼类无人机最主要的运动部件，其作用是通过旋转产生升力使无人机升空飞行。旋翼总成是安装在减速箱输出端或传动轴一端的动力输出组件，其作用是传递动力并实现桨叶的旋转和螺距调节，通常由桨毂、主轴、倾斜盘、拉杆以及调距舵机等组成。机身是用于安装无人机的发动机、油箱、减速传动机构、旋翼总成、起落架以及飞行控制组件的重要部件，其结构形式以桁架、钣金、管材等为主，主要起连接和固定作用。对于旋翼类无人机来说，通常发动机、油箱等部件安装在机身中下部，起落架安装于机身底部，减速传动机构以及旋翼总成等安装在机身的中上部或两侧。减速传动系统的作用是将发动机输出的扭力、转速经减速后传递给旋翼总成，

从而带动旋翼旋转产生升力。旋翼类无人机的减速传动装置分为皮带传动、直角齿轮箱传动和蜗轮蜗杆传动等形式。其中皮带传动主要用于发动机输出轴与主传动轴之间的减速和传动；直角齿轮箱主要用于主传动轴与旋翼主轴之间的减速传动；蜗轮蜗杆一般用于大传动比旋转机构各零部件之间的传动。

2.2.2 无人机结构设计流程

双旋翼无人机结构设计流程是在无人机工作原理的基础上，结合零部件设计规范以及设计经验确定的。按照这个步骤进行双旋翼无人机结构设计，可以避免设计参数不合理，反复调整等问题。以并列双旋翼无人机设计为例，其设计流程如下：

（1）根据无人机设计载荷确定发动机功率、额定转速。
（2）根据发动机型号确定传动系统减速比，旋翼尺寸、数量。
（3）选择离合器方式、设计减速传动装置。
（4）根据桨叶尺寸及发动机形式确定旋翼轴距，设计旋翼布置方式（纵列、横列）及旋翼头形式（单旋翼、共轴反转、刚性调距等）。
（5）根据发动机型号、减速传动装置及离合器形式，设计机架、油箱、水箱等附件。
（6）设计旋翼驱动、控制机构，确定轴系直径、齿轮传动形式、轴承规格等。

2.2.3 无人机结构设计计算

1. 主要参数选择和计算

双旋翼无人机的主要设计参数关系到平台的飞行性能、飞行品质、气动布局及结构形式等方面，对平台关键性指标起着决定性作用，因此在设计初始阶段要进行严谨计算和选择，同时要结合底层设计数据相互验证，反复迭代。双旋翼无人机主要设计参数包括桨盘载荷、功率载荷、旋翼实度、桨尖速度、旋翼升力等。

1）桨盘载荷的选择及计算方法

桨盘载荷即旋翼的拉力与旋翼桨盘面积之比：

$$p = G / (\pi R^2) \tag{2.17}$$

式中：p 为桨盘载荷；G 为无人机重量；R 为旋翼半径。

桨盘载荷应在保证无人机平台所要求的有效载荷及性能的前提下，使无人机有效载荷在总重中所占比例最大。在具体设计时，参考与所设计无人机相近的现有无人机平台的统计数据，根据设计的具体情况来确定，一般可以遵循以下原则：一是无人机总重量越大，桨盘载荷也应选得越大，如果桨盘载荷选得不够大，旋翼直径就会过大，在总体布置、使用等方面将引起相应问题；二是采用涡轮轴发动机时，桨盘载荷可以选得大一些，这样也可以获得较大的有效载荷；三是对以运输为主，而且对静、动升限有较高要求的无人机平台，宜选较小的桨盘载荷。

2）功率载荷的选择及计算方法

功率载荷 q 定义为

$$q = G / w_0 \tag{2.18}$$

式中：w_0 为发动机额定功率。

由于大功率的涡轮轴发动机的功重比较大，且结构尺寸及耗油率较小，因此使用涡轮轴发动机作为动力的无人机可以选择较小的功率载荷。

3）旋翼实度的选择及计算方法

对于矩形桨叶，旋翼实度定义为

$$\sigma = kb/(\pi R) \qquad (2.19)$$

式中：b 为桨叶宽度；R 为旋翼半径；σ 表示桨叶面积和桨盘面积之比，目前常规的直升机 $\sigma = 0.03 \sim 0.1$，单片桨叶的平均值 $\sigma = 0.015 \sim 0.020$。

4）桨尖速度的选择及计算方法

桨尖速度计算公式：

$$v = 2\pi Rn \qquad (2.20)$$

式中：n 为旋翼转速；R 为旋翼半径。

当旋翼半径 R 确定后，桨尖速度就取决于旋翼轴转速 n，采用涡轮轴发动机的直升机，其桨尖速度一般不小于200m/s，采用活塞式发动机的直升机，一般为160～190m/s。对于飞行速度要求较低的直升机，其桨尖速度也很少低于150m/s。

5）桨叶选择和升力计算

为了确保无人机旋翼能够按照设计性能提供足够的升力，且在最大工况下旋翼的最高转速和尺寸在合理的范围内，需要综合考虑并确定桨叶数量、长度、宽度、翼型以及桨距等。通常桨叶片数越多，机体振动水平越低且桨尖损失越小，飞行性能越高。但桨叶片数增加，会使桨毂结构变复杂，机体重量和阻力增加，维护工作量增大。桨叶片数少则桨毂简单，重量轻，成本也低，且由于桨叶弦长大，桨叶扭转刚度提高，抗弹击损伤能力增强。目前在中小型共轴无人机中，使用最广泛的是两叶桨和对应的跷跷板式旋翼系统。桨叶的长度、宽度、桨距等参数可根据升力计算公式进行核算和选择：

$$F = \mu Dlbv^2 \qquad (2.21)$$

式中：μ 为旋翼升力系统；D 为旋翼直径；l 为旋翼桨距；b 为旋翼宽度；v 为旋翼转速。

6）动力系统功率的选择及影响因素

双旋翼无人机动力系统大致分为两种情况，一种是油动系统，另一种是电动系统。通常舰载无人机采用油动类型的动力装置，对于油动系统，发动机的选择要求包括发动机的有效功率、功重比、耗油特性、高度特性、温度特性、速度特性、起动特性、加速特性、可靠性等。

其中发动机功率的选择首先应满足双旋翼无人机在各种飞行状态下需用功率的要求。在确定无人机的需用功率时，除了旋翼外还应考虑以下功率需求和损失：一是发动机安装和进排气损失，一般占发动机功率的 3%～6%左右；二是传动损失，主要是减速器的功率损失，约占发动机功率的 2%～4%。

2. 减速器设计

从发动机输出轴传递出来的转速和扭矩需要经过减速器减速，然后再经过传动系统到达螺旋桨，这是双旋翼无人机传动系统的基本传递路线。减速器作用是将高转速、小扭矩的发动机功率变成低转速、大扭矩传递给旋翼轴，同时还作为中枢受力构件将承受的旋翼扭力和振动传递给机体进行减振和平衡处理。减速器一般分为齿轮传动和皮带传动两种，其通用设计指标为传动比，计算方法如下：

1）皮带轮传动比计算方法

主轮转速为 n_1，主动轮直径为 a，被动轮转速为 n_2，被动轮直径为 b，则皮带轮传动比 $i_1 = a/b = n_1/n_2$。

2）减速器传动比

主动齿轮转速为 n_2，从动齿轮转速为 n_3，从动齿轮齿数为 z_3，主动齿轮齿数为 z_2，则减速器传动比 $i_2 = n_2/n_3 = z_3/z_2$。

确定传动比后，可根据减速传动机构尺寸设计要求，选择合适的齿轮外径、齿数、模数、皮带轮外径等，以确定齿轮或皮带轮的型号规格。齿轮的模数 m、齿数 z 以及分度圆直径 d 的几何关系为 $m = d/z$。

3. 旋翼型式设计

旋翼型式是指桨叶与旋翼轴的连接方式，也就是桨毂的结构型式，常见的旋翼型式有跷跷板式和无铰式旋翼。中小型共轴双旋翼无人机一般采用跷跷板式旋翼。这种旋翼只有两片桨叶，共用一个水平铰，无垂直铰，有变距铰，其周期变距通过变距铰来实现。跷跷板式旋翼的优点是桨毂构造简单，且两片桨叶共同的挥舞铰不负担离心力只传递拉力及旋翼力矩，轴承负荷较小；缺点是旋翼操纵功效和角速度阻尼比较小，需要配套机械增稳装置。无铰式旋翼则包括无挥舞铰和摆振铰，只保留变距铰，桨叶的挥舞、摆振运动完全通过桨根弹性变形来实现，结构简单，适用于小型无人机。

4. 操纵系统

双旋翼无人机操纵系统按航向操纵类型可分为半差动和全差动形式，按结构形式则分为轴内操纵和轴外操纵。大多数共轴式无人机采用的是半差动航向操纵形式，这种形式的操纵系统其总距、航向舵机固定在主减速器壳体上，纵横向舵机固定在总距套筒上并随其上下运动。舵机输出量通过拉杆摇臂、上下倾斜盘和过渡摇臂变距拉杆传到旋翼上，使其转过相应的桨距角，以实现操纵的目的。

5. 动力系统

双旋翼无人机在总体设计阶段，通常要根据无人机的使命任务初步设定主要的目标性能参数，比如最大续航时间、最大飞行速度、有效任务载荷、主旋翼长度、自重、最大起飞重量、升限、工作温度、任务载荷等。根据这些性能指标，设计人员可以在现有航空发动机中选择大致合适的型号进行配套，也可以有针对性地设计符合无人机性能要求的发动机，包括汽油机、涡轮轴发动机等。

2.3　无人机平台结构设计建模

本节是在无人机平台结构设计计算的基础上，介绍如何使用 PRO/E 软件进行无人机主要零部件建模，为后续无人机设计优化、仿真和制造奠定基础。由于固定翼与旋翼类无人机在结构组成和总体布局上存在巨大差异，因此这里按照无人机不同种类分别进行介绍。

2.3.1 固定翼无人机机身建模

固定翼无人机机体主要由机身、机翼、尾翼、起落架等部件组成，其中机身、机翼、起落架是无人机最主要的结构承力部件，在造型设计过程中既要考虑单个部件的结构形式，同时要从总体布局的角度去考虑。无人机机身外部与机翼、尾翼、起落架、舱门等部件连接，内部结构包括进排气道、油箱、发动机、辅助控制系统等部件。其受力情况复杂且多变，因此在设计建模时要重点关注承力部件和应力集中部位的造型。机身三维建模主要通过截面草绘、边界混合、截面拉伸、曲面加厚等特征实现，完成的三维模型如图2-5～图2-8所示。具体方法和步骤如下：

（1）对于常规气动布局的无人机机身建模，首先按照设计尺寸在机身横向截面上创建各个截面草绘，再通过边界混合特征，选择各截面曲线生成机身曲面造型。

（2）对于飞翼式布局的无人机机身建模，首先根据机身和机翼翼型数据，在各个纵向截面上创建截面草绘，再通过平行混合或者边界混合特征生成机身。

（3）机身进气道通过"曲面扫描"建模，进气道在机身两侧设置的，可先建立一侧模型，再通过镜像建立另一侧。

（4）机身曲面通过边界混合建立后，可通过加厚特征实现模型实体化。当模型中出现大量线条时，可以在视图管理→模型显示→边/线→相切边下拉菜单中选择"不显示"。

（5）机身内部加强筋、结构紧固件以及起落架舱门等部件，主要在完成机身实体模型后通过草绘、拉伸、剪切等特征创建。

（6）为了不显示一些蓝色线条，需要保存模型设置文件以及"视图"下拉菜单中的"可见性"。

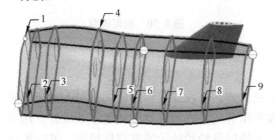

图2-5 机身边界混合建模过程

图2-6 机身下半部模型

图2-7 飞翼式布局机身模型

图2-8 前起落架舱门

2.3.2 固定翼无人机机翼建模

机翼主要由骨架、蒙皮组成，其结构形式包括夹层板梁式、泡沫夹芯结构、夹层盒结构等，安装方式有整体安装、插接固定和翼身融合等类型。一般中小型固定翼无人机机翼采用夹层板梁式和泡沫夹芯结构造型设计，插接方式安装。由于机翼的结构造型受安装方式影响存在较大差异，因此在设计建模时应综合考虑两者的组合。通常整体安装的机翼，其左右机翼设计成整体结构；采用插接固定的机翼分左右机翼单独设计；翼身融合形式的机翼则采用机翼、机身一体设计。根据以上原则，使用 PRO/E 进行机翼三维建模，具体方法和步骤如下：

（1）确定翼型后，首先通过导入翼型坐标点数据创建基准点，然后通过连接基准点形成翼型截面曲线，如图 2-9 所示。最后通过复制、粘贴将截面缩放到一定尺寸和位置，形成翼根和翼尖的截面曲线。使用草绘及投影建立机翼安装部位造型。

（2）机翼绘制时，先通过混合—伸出项建立整体特征；再通过混合—切口命令，把机翼内部空腔去除，如图 2-10 所示；最后通过创建副本，剪切、拉伸等建立襟翼。也可以使用边界混合一次性创建机翼曲面，再封闭曲面两端，然后实体化得到。

（3）最后通过拉伸剪切特征建立机翼襟翼、副翼的转动机构等。

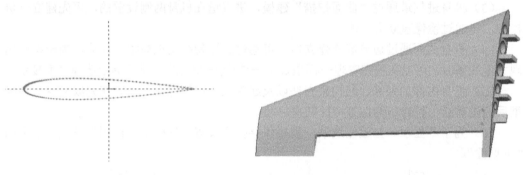

图 2-9 机翼翼型截面　　　　　　　　图 2-10 机翼模型

2.3.3 起落架建模

起落架的布局形式主要有前三点式、后三点式、可收放式和固定式几种；对于要求长航时和良好气动布局的无人机来说，一般采用前三点式和可收放式起落架设计。起落架属于整体组件，主要由弹簧、减震气缸、支柱以及轮胎轴承等零部件组成，其三维建模过程包括单个零部件建模和整体装配两个阶段，具体方法和步骤如下：

（1）采用截面草绘图、旋转特征建立轮胎模型。
（2）采用截面草绘、拉伸特征创建减震气缸、支柱等模型。
（3）使用螺旋扫描特征建立弹簧模型。
（4）起落架各部件建模完成后，再通过装配完成整体模型创建。

典型的前后起落架三维模型如图 2-11、图 2-12 所示。

2.3.4 旋翼类无人机机身建模

旋翼类无人机结构组成包括机身、动力装置、旋翼系统、飞行操控系统、传动系统、辅助及载荷系统。其中机身的主要功能是连接和固定无人机各组成部分，承载各类载荷和外部应力作用。由于机身受气流波动、姿态机动以及滑行、起飞着陆等因素影响，结构应力复杂多变，设计时需要慎重考虑各组成部件的结构形式。

 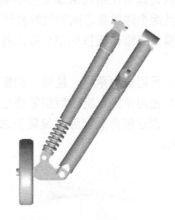

图 2-11　前起落架三维模型　　　　　图 2-12　后起落架三维模型

旋翼类无人机机身主要由三角桁架结构、工字板材、管材、薄壁强背结构等组成，各部件之间大多采用焊接或铰接形式连接。使用 PRO/E 对机身进行三维建模时，主要步骤如下：

（1）按照机身整体草图，使用拉伸、剪切、阵列、扫描混合等特征建立各个零部件三维模型。

（2）通过装配连接形成机身整体组件。

（3）装配过程中，当出现部分零部件尺寸不合适、结构不稳固等情况时，对相应部件尺寸和结构形式进行局部调整，最终使机身达到预定设计要求。

旋翼类无人机部分机身典型部件三维模型如图 2-13、图 2-14 所示。

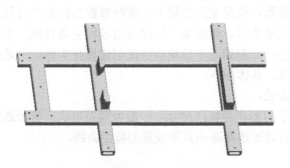 

图 2-13　旋翼类无人机机架底座　　　　图 2-14　旋翼类无人机机架部件

2.3.5　无人机旋翼系统建模

旋翼系统指螺旋桨、旋翼以及桨毂等部件，这类部件主要根据无人机的设计载重及控制方式确定基本参数和结构形式。中小型无人机采用的旋翼头包括单轴旋翼头，双桨共轴旋翼头等，调距方式包括三轴控制倾斜盘调距和只调总距不进行周期变距两种。如图 2-15 所示，单轴旋翼头主要由旋翼轴、桨夹、调距舵机、拉杆、倾斜盘、传动箱等组成，其中倾斜盘在调距舵机和拉杆作用下可进行上下移动或倾斜控制。如图 2-16 所示，双桨共轴旋翼头在结构组成上与单轴旋翼头有所区别，主要是双桨共轴旋翼头有两个倾斜盘，且两个倾斜盘之间通过拉杆连接，用于控制上下桨叶的总距。

旋翼头三维建模按照单个零部件建模、零件装配、尺寸调整的步骤进行，具体过程如下：

(1) 采用截面草绘、拉伸、扫描混合等特征建立齿轮传动箱和旋翼轴零件。

(2) 使用草绘、旋转剪切等特征建立桨夹、轴承、倾斜盘、拉杆及舵机等模型。

(3) 通过零件装配形成旋翼头总成模型，根据舵机的动作行程调节拉杆长度，最终完成建模。

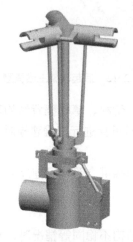 

图 2-15　单轴三桨叶旋翼头　　　　　　图 2-16　双桨共轴旋翼头

对于大部分中小无人机来说，一般直接选用技术成熟的螺旋桨产品进行配套，因此设计建模工作，主要体现在确定桨叶参数、成品复原建模上。桨叶参数包括桨叶直径、数量、最大旋转速度、弦长、翼型以及桨距等。螺旋桨三维建模的过程主要包括三个步骤，一是创建基本翼型和各横截面草绘；二是通过平行混合特征创建翼身实体；三是通过拉伸、剪切特征完成翼尖、翼根创建。具体如下：

(1) 设计平面形状及各截面翼型弦长。

首先通过草绘设计螺旋桨的准确平面形状并标注尺寸，一般为马刀形状；然后通过导入翼型坐标点数据创建基准点；最后通过连接基准点形成翼型截面曲线。

(2) 生成桨叶各截面曲线。

螺旋桨在距轴孔中心不同距离的位置具有不同的截面，而且截面图形相对于基础平面有不同的转角，设计中通常取轴孔中心距离为半径的 15%、30%、50%、70%、90%、95%共 6 处截面，桨叶角分别是 50°、40°、30°、20°、10°、5°。具体包括以下几个步骤：一是在上述各截面位置生成基准平面，通过桨叶平面形状曲线与基准平面相交建立基准点；二是测量各截面桨叶平面形状首尾两点距离，即各截面的翼型弦长；三是根据弦长和桨叶转角，使用复制、粘贴、旋转、缩放功能在各截面处生成翼型截面曲线。

(3) 实体建模。

螺旋桨由轮毂、桨叶和桨尖组成，由于各部分几何特征区别较大，因此其建模方法也各不相同。轮毂部分一般采用实体拉伸的方法来创建；桨叶部分由于各截面大小及扭转角度变化较大，通常采用"平行混合"特征建模；桨尖则采用曲面混合或拉伸剪切特征建模。完成后的三维模型如图 2-17、图 2-18 所示。

图 2-17　螺旋桨模型　　　　　　　　　图 2-18　旋翼模型

2.3.6　减速传动系统建模

减速传动系统是指减速传动箱、皮带传动机构、轴系等部件，主要用于发动机与旋翼头之间的减速和动力传递。其中减速传动箱按照齿轮形状和啮合方式可分为直齿行星减速齿轮箱、内齿减速齿轮箱，伞齿轮直角减速齿轮箱等形式；皮带传动机构按照皮带形式可分为平型带、三角带、同步齿形带传动等形式。典型的减速传动系统三维模型如图 2-19、图 2-20 所示。

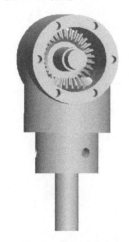 

图 2-19　直角传动箱模型　　　　　　　图 2-20　皮带轮传动机构模型

由于减速传动系统中的齿轮属于标准件，为方便加工制造，设计建模时应遵守相应的工业标准。使用 PRO/E 软件进行齿轮三维建模时，首先要根据确定的传动比和分度圆直径绘制传动系统草图，再根据草图分别创建各传动部件的三维模型，最后再进行总体装配。单个齿轮建模时，首先通过参数设置和关系定义确定齿轮模数、齿数、齿顶圆直径、分度圆直径、齿宽、渐开线方程等，再通过草绘、拉伸、剪切、阵列等特征完成实体建模。下面按照齿轮类型分别介绍其建模过程：

1. 直齿圆柱齿轮建模

1）参数设置

m	2	模数
z	30	齿数

alpha	20	压力角
hax	1	齿顶高系数
cx	0.25	顶系数
b	10	齿轮宽度
ha	—	齿顶高
hf	—	齿根高
x	0	变位系数
da	—	齿顶圆直径
db	—	基圆直径
df	—	齿根圆直径
d	—	分度圆直径

2）关系设置

ha=(hax+x)*m

hf=(hax+cx－x)*m

d=m*z

da=d+2*ha

db=d*cos(alpha)

df=d－2*hf

sd0=d

sd1=da

sd2=df

sd3=db

3）定义渐开线方程

ang=90*t

r=db/2

s=PI*r*t/2

xc=r*cos(ang)

yc=r*sin(ang)

x=xc+s*sin(ang)

y=yc－s*cos(ang)

z=0

渐开线镜像平面由分度圆与渐开线交点所在平面旋转360°/(4*z)角度得到。

4）设置齿轮厚度

在模型树中右键单击齿轮特征，在弹出的快捷菜单中单击"编辑"；在主菜单上单击"工具""关系"，再单击齿轮厚度和齿根圆角尺寸代号，然后在"关系"对话框中输入关系式：

if hax>=1

d37=0.38*m

endif

```
if hax<=1
d37=0.46*m
endif
d38=b
```

5)通过阵列特征生成整个齿轮

完成单个齿创建后，使用阵列特征，输入列阵数量 z 和夹角 360°/z，生成整个齿轮模型，如图 2-21、图 2-22 所示。

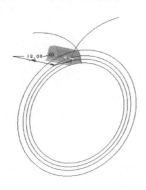

图 2-21 创建单个齿

图 2-22 直齿轮整体模型

2. 圆锥齿轮设计

1)参数设置

m	2.5	模数
z	24	齿数
z_d	32/24	啮合齿轮齿数
alpha	20	压力角
hax	1	齿顶高系数
cx	0.25	顶系系数
b	14/12	齿轮宽度
ha	—	齿顶高
hf	—	齿根高
h	—	全齿高
x	0	变位系数
da	—	齿顶圆直径
db	—	基圆直径
d	—	分度圆直径
delta	—	分锥角
delta_a	—	顶锥角
delta_b	—	基锥角
delta_f	—	根锥角
hb	—	齿基高

rx	—	锥距
theta_a	—	齿顶角
theta_b	—	齿基角
theta_f	—	齿根角
ba	—	齿顶宽
bb	—	齿基宽
bf	—	齿根宽

2) 关系设置

ha=(hax+x)*m

hf=(hax+cx−x)*m

h=(2*hax+cx)*m

delta=atan(z/z_d)

d=m*z

db=d*cos(alpha)

da=d+2*ha*cos(delta)

df=d−2*hf*cos(delta)

hb=(d−db)/(2*cos(delta))

rx=d/(2*sin(delta))

theta_a=atan(ha/rx)

theta_b=atan(hb/rx)

theta_f=atan(hf/rx)

delta_a=delta+theta_a

delta_b=delta−theta_b

delta_f=delta−theta_f

ba=b/cos(theta_a)

bb=b/cos(theta_b)

bf=b/cos(theta_f)

3) 定义 dtm1 面与 top 面距离

d0=d/(2*tan(delta))

4) 绘制草图后定义基本曲线关系式

d1=90

d2=delta

d3=df/2

d4=db/2

d5=d/2

d6=da/2

d7=b

5) 定义齿轮大端圆关系式

d17=d/cos(delta)

d18=da/cos(delta)
d19=db/cos(delta)
d20=df/cos(delta)

6）定义齿轮小端圆关系式
d27=(df − 2∗bf∗sin(delta_f))/cos(delta)
d26=(db − 2∗bb∗sin(delta_b))/cos(delta)
d25=(d − 2∗b∗sin(delta))/cos(delta)
d28=(da − 2∗ba∗sin(delta_a))/cos(delta)

7）定义 cs2 坐标系关系式
d38=360∗cos(delta)/(4∗z)+180∗tan(alpha)/pi − alpha

8）定义齿轮大端渐开线方程
r=db/cos(delta)/2
theta=t∗60
x=r∗cos(theta)+r∗sin(theta)∗theta∗pi/180
y=r∗sin(theta) − r∗cos(theta)∗theta∗pi/180
z = 0

9）定义 cs3 坐标系关系式
d44 = 360∗cos(delta)/(4∗z)+180∗tan(alpha)/pi − alpha

10）定义齿轮小端渐开线方程
r = (db − 2∗bb∗sin(delta_b))/cos(delta)/2
theta = t∗60
x = r∗cos(theta) + r∗sin(theta)∗theta∗pi/180
y = r∗sin(theta) − r∗cos(theta)∗theta∗pi/180
z = 0

11）设置基准平面旋转角度
d52 = 360∗cos(delta)/(4∗z)

12）创建齿轮本体
使用"旋转"特征生成齿轮本体，定义大端尺寸为 h，小端为 0.8∗h。
d114 = h
d113 = 0.8∗h

13）使用"扫描混合"特征创建单个伞齿
点击主菜单"插入""扫描混合""参照"，在对话框里接受默认设置，选取创建的草绘曲线作为扫描混合的扫引线。单击"剖面"，先后选择两个截面的草绘点绘制截面草图，完成后单击"确定"，即生成单个齿的三维模型，如图 2-23 所示。

14）设置截面圆角半径
在模型树中右键单击齿轮特征，在弹出的快捷菜单中单击"编辑"；在主菜单上单击"工具""关系"，添加截面圆角半径关系式：
if hax<=1
d58=0.31∗m

```
    d63=0.31*m
endif
if hax>=1
d58=0.2*m
d63=0.2*m
endif
```

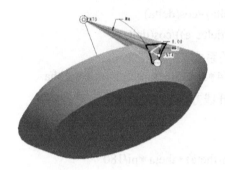

图 2-23 创建单个齿

15）通过阵列特征生成整个齿轮

完成单个齿创建后，使用阵列特征，输入列阵数量 z 和夹角 360°/z，生成整个齿轮模型，如图 2-24 所示。

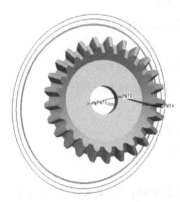

图 2-24 伞齿轮整体模型

2.3.7 倾转控制部件建模

倾转控制部件主要是指倾转旋翼无人机的旋翼倾转机构以及可变翼无人机的机翼折叠控制机构，其基本结构组成包括齿轮、蜗轮、蜗杆、螺杆、伺服电机等部件。建模时先使用拉伸、旋转、螺旋扫描、扫描混合等特征创建各零部件，再通过装配完成整个组件建模。典型的倾转控制部件模型如图 2-25、图 2-26 所示。

由于倾转控制部件组成中蜗轮、蜗杆属于标准件，因此在设计和建模时要遵守相关工业标准。使用 PRO/E 软件创建这类零件模型，主要采用参数化建模实现。具体过程如下。

图 2-25 旋翼倾转控制模型一　　　　图 2-26 倾转控制部件模型二

1. 蜗杆的建模

1）参数设置

input

m	2.5	模数
z1	1	蜗杆头数
z2	30	蜗轮齿数
dial	28	蜗杆分度圆直径
left	no	旋向

end input

2）关系设置

relations

dial2=m*z2　　　　　　　　蜗杆分度圆直径
l=(11+0.06*z2)*m　　　　　蜗杆有效螺旋长度

end relations

3）创建蜗杆模型

首先单击主菜单"插入""螺旋扫描"，在下拉菜单中选择"伸出项"，然后在对话框中输入：

sd3=1，sd4=1/2；sd1=dial/2

在导程设定窗口输入导程值m*pi*z1，然后绘制截面。

sd61=1.25*m，sd62=m，sd63=m*pi/2－2*m*tan(20)

最后使用拉伸特征创建蜗杆轴，定义参数如下：

直径sd0=dial－1.25*2*m，长度d21=l+40

创建过程如图2-27、图2-28所示。

2. 蜗轮的建模

1）参数设置

m	2.5	模数
z1	1	蜗杆头数
z2	30	蜗杆齿数
dial	28	蜗杆分度圆直径
left	no	旋向

| b | 24 | 蜗轮宽度 |
| zxkj | 30 | 中心孔径 |

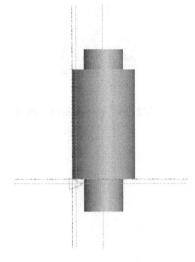

图 2-27 采用螺旋扫描建模的蜗杆

图 2-28 完成建模的蜗杆

2）关系设置

relations
dia2=m*z2　　　　　　　　蜗轮分度圆直径
a = (dia1 + dia2)/2　　　　　中心距
ha = 1　　　　　　　　　　齿顶高系数
da1 = dia1 + 2*ha*m　　　　蜗杆齿顶圆直径
df1=dia1+2.5*ha*m　　　　蜗杆齿根圆直径
da2 = m*(z2 + 2*ha)　　　　蜗轮齿顶圆直径
da2a=da2+0.5*m　　　　　为切制齿槽时不留薄片而设置的变量
df2=dia2+2.5*ha*m　　　　蜗轮齿根圆直径
pa1 = m*pi　　　　　　　　蜗杆轴面齿距
ll = z1*pal　　　　　　　　蜗杆导程
ha1=ha*m　　　　　　　　蜗杆齿顶高
hf1=1.25*m　　　　　　　蜗杆齿根高
if z1=1
wlwj=da2+2*m　　　　　　确定蜗轮外圆直径
endif
if z1=2
wlwj=da2+1.5*m
endif
gama=asin(b/(da1 – 0.5*m))　包角 γ
r1=da1/2+0.25*m　　　　　齿根圆弧面半径

r2=df1/2+0.25*m　　　　　　　齿顶圆弧面半径
db = m*z2*cos(20)　　　　　　基圆直径
alfaa=acos(db/da2)　　　　　　齿顶圆压力角
alfaf=acos(db/df2)　　　　　　齿根圆压力角
inva=tan(20) − 20/180*pi　　　分度圆渐开线函数
invaa=tan(alfaa) − alfaa/180*pi　齿顶圆渐开线函数
invaf=tan(alfaf) − alfaf/180*pi　齿根圆渐开线函数
s = m*pi/2　　　　　　　　　分度圆齿厚
faib=(s*2/dia2+inva)/pi*180　　基圆齿厚角
faia=s/dia2*da2 − 2*(invaa − inva)　顶圆齿厚角
if df2>db　　　　　　　　　　如果根圆直径大于基圆
faif=s/dia2*df2 − 2*(invaf − inva)　根圆齿厚角
endif
if df2<=db　　　　　　　　　如果根圆直径小于或等于基圆直径
faif=faib　　　　　　　　　　根圆齿厚角等于基圆齿厚角
endif
end delation

3）创建蜗轮本体

利用回转特征创建蜗轮实体，输入参数如下：

sd18=w1wj/2

sd20=zxkj/2

sd17=b

sd14=a

sd19=r2

sd16=gama

4）创建轮齿

（1）创建参考面，单击 front 基准面偏距 51.5，生成蜗轮、蜗杆的中心距 d10=A。

（2）创建蜗杆坐标，单击基准面 top、right、front，创建新的坐标系。

（3）绘制线段 ad，单击"曲线绘制"，选择"从方程创建"，选择坐标系统类型为柱面坐标，进入方程编辑器，插入曲线方程表达式：

r=df2/2+t*(da2a/2 − df2/2)

alfai = acos(db/2/r)

theta = (tan(alfai)*180/pi − alfai)

z=0

（4）同样的方式绘制线段 bc，进入方程编辑器，定义曲线方程表达式：

r=df2/2+t*(da2a/2 − df2/2)

alfai=acos(db/2/r)

theta = −(tan(alfai)*180/pi − alfai) − (360/z2 − faif)

z=0

（5）绘制上下圆弧与已绘制的对称渐开线连接组成封闭截面，再绘制螺旋线段，进入方程编辑器，输入方程表达式：

y=−t*z1*pi*m/4

z=r1*cos(90*t)

x=−r1*sin(90*t)

（6）同样的方法绘制另一半螺旋线段，定义方程表达式：

y=t*z1*pi*m/4

z=r1*cos(90*t)

x=−r1*sin(90*t)

（7）创建第一段半齿槽，单击"变截面扫描"，选择"创建实体""去除材料""恒定截面"。选择第一段螺旋线作为扫描轨迹，选择已有截面创建扫描截面，完成第一段半齿槽创建。

（8）采用同样的方式创建另一段半齿槽，通过"组合"特征将两个半齿槽合并为一个，最后通过阵列特征生成其余齿槽，如图 2-29、图 2-30 所示。

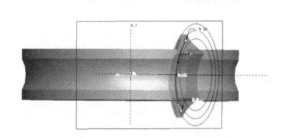

图 2-29 采用变截面扫描创建齿槽

图 2-30 创建完成的蜗轮

第 3 章 舰载无人机动力装置结构设计

目前无人机使用的动力装置主要包括活塞式发动机、喷气式发动机、转子发动机、电动机等。其中活塞式发动机是通过活塞往复运动产生动力的发动机；喷气式发动机是以空气和燃油作为混合气体燃烧喷射产生动力的发动机。这类发动机随着技术更新又演变出涡轮喷气发动机、涡轮轴发动机、涡轮螺旋桨发动机、涡轮风扇发动机以及冲压喷气发动机、脉冲喷气发动机、脉冲爆震发动机等。由于各型发动机在性能特点上有所区别，适用的无人机也各有不同。本章针对各型无人机常用的动力装置，重点介绍汽油发动机、燃气涡轮发动机及脉冲爆震发动机的结构设计及建模。

3.1 汽油发动机结构设计及计算

汽油发动机是一种典型的活塞式航空发动机，这类发动机按照气缸的排列方式可分为星状、对置和 V 形发动机，按照做功冲程数可分为二冲程和四冲程两种类型，同时按照气缸的冷却方式还可分为水冷式和空冷式等类型。汽油发动机主要结构组成包括气缸、活塞、连杆、曲轴、气门机构、螺旋桨减速器、机闸等。其中气缸是进行汽油和空气混合并燃烧的地方，气缸上装有点燃混合气体的电火花塞以及进、排气门，气缸内有活塞。当油气混合气体被点燃后，热气膨胀产生的燃气压力就会推动活塞往复运动，活塞的这种直线运动通过连杆转换为曲轴的旋转运动，曲轴的旋转运动又通过减速器驱动螺旋桨转动，从而产生拉力。活塞在气缸内往复运动一次称为一个冲程，通常一个工作循环包括吸气、压缩、膨胀和排气四个冲程。汽油发动机由于油耗低、拉力大、工作可靠等特点，常用于中小型长航时低速无人机。

3.1.1 斜盘柱塞式四冲程汽油机设计流程

斜盘柱塞式四冲程汽油机是一种新型航空汽油发动机，该型发动机根据斜盘柱塞泵及四冲程汽油机工作原理进行设计，具有扭力大、重量轻、结构紧凑等特点。针对其工作特点和结构原理，该型发动机的具体设计流程如下：

（1）根据经验公式确定发动机基本参数。一是根据斜盘式柱塞泵斜盘最大倾斜角不超过 20°的原则，确定发动机斜盘的倾斜角；二是根据活塞行程与气缸直径比列范围为 0.8~1.2 的原则确定活塞行程和缸径；三是根据计算公式确定活塞速度、平均有效压力、发动机压缩比等参数。

（2）根据双向对置柱塞泵及汽油机原理设计发动机活塞、气缸、斜盘转子。

（3）设计缸头总成，根据四冲程汽油机原理确定凸轮轴配气定时、发火间隔角及发火顺序。

（4）设计传动组件，包括凸轮轴传动、点火飞轮传动等。

（5）设计进排气系统及相关组件，包括进排气管、增压器、化油器。

（6）设计起动点火及辅助系统，包括起动电机、机带滑油泵、冷却水泵、点火飞轮等。

3.1.2 汽油发动机设计计算

1. 设计参数选择和计算

（1）汽油机的发火顺序与其运行的均匀性、轴承负荷、轴系扭振等密切相关，选择发火次序主要考虑两个方面：一是应与气缸排列相适应，确保在发动机一个工作循环周期内，各缸发火的时间间隔、角度间隔和作用力方向均匀和对称；二是应确保发动机整体扭矩大小和振动频率尽可能小。

（2）压缩比 ε 直接影响汽油机的性能、机械负荷、起动性能以及主要零件的结构尺寸。通常在一定范围内，压缩比增加则汽油机热效率提高，起动更加顺利，但压缩比的提高会使气缸最高爆发压力上升，机械负荷增加，对发动机寿命不利。因此选择最佳压缩比要综合分析燃烧室形式、热效率、起动性能和机械负荷等因素的影响。通常汽油机压缩比范围为 6~12。

（3）气缸中心距与缸径比值，是表征汽油机紧凑性和重量指标的重要参数，它与汽油机结构强度、气缸排列有关。目前大多数汽油机设计气缸中心距与缸径比值范围为 1.1~1.25。

（4）活塞平均速度 v_m 是汽油机高速性的主要指标，对于总体设计和主要零件结构形式影响较大。在功率给定时，若平均有效压力、活塞行程和缸数不变，则提高活塞平均速度可使气缸直径减小，发动机体积、质量变小，但提高活塞平均速度会引起摩擦损失、惯性力、进排气速度以及振动噪声增加等问题，进而使发动机机械效率下降、振动磨损加剧、寿命降低。因此一般汽油机活塞平均速度 $v_m \leq 17$。活塞平均速度计算公式为：$v_m = S_n/30$，式中 S 为活塞行程，n 为转速。

（5）行程缸径比 S/D 表示活塞行程与缸径的比值，是影响发动机机动性、转速和输出扭力的主要指标。选择较小的比值，可以减小汽油机纵向尺寸和重量，提高转速和机动性能，但随着比值的变小，在压缩比不变的情况下，活塞与气缸盖之间的最小间隙也要缩小，从而增加了零部件加工的难度。因此目前汽油机的行程缸径比范围为 0.8~1.2。

（6）过量空气系数 φ_a 是反映混合气形成、燃烧完善程度以及整机性能的一个指标。对于汽油机来说，全负荷时 φ_a 值范围为 0.85~1.1。

（7）残余废气系数 φ_r 反映气缸中残余废气量的多少，其值主要与压缩比、排气终点参数（P_r，T_r）、气门重叠角以及是否扫气有关。当 P_r/T_r 值增大，废气的密度和燃烧室所占容积比例增加，φ_r 值便随之增大。当发动机组织扫气或气门重叠角增大时，φ_r 值降低。汽油机由于压缩比、气门重叠角较小，且不组织扫气，因此 φ_r 值通常为 0.06~0.16，其计算公式为

$$\varphi_r = \frac{T_0 + \Delta T}{T_r} \times \frac{P_r}{\varepsilon P_a - Pr} \tag{3.1}$$

式中：T_0 为初始温度；ΔT 为温度变化量；ε 为压缩比；φ_r 为剩余废气系数。

（8）热量利用系数 ζ_z 是燃烧终点时燃料释放热量的利用系数。它是反映实际燃烧过程中燃烧不完善、通道节流、高温分解和传热等损失程度大小的一个重要参数。热量利用系数主要受发动机燃烧品质影响，通常凡是能改善燃烧过程、减少传热损失的因素都有利于 ζ_z 的提高。对于汽油机而言，ζ_z 一般在 0.85～0.95 范围内。

（9）示功图丰满系数 φ_i 是指相比理论循环而言，实际循环中时间损失和部分换气损失的大小，此值越小，表示时间损失和换气损失越大。φ_i 的数值与转速、排气提前角、供油提前角、点火提前角等因素有关。这些因素的数值越大，则 φ_i 越小。对于汽油机而言，示功图丰满系数一般为 0.92～0.97。

（10）机械效率 η_m 是评定内燃机指示功率转换为有效功率的有效程度，四冲程汽油机 η_m 范围为 0.8～0.9。

（11）平均多变压缩指数 n_1 主要受工质与气缸壁间热交换及工质泄漏情况影响。减少缸壁传热量和气缸工质泄漏量，该值增加。汽油机 n_1 一般取值范围为 1.32～1.38。

（12）平均多变膨胀指数 n_2 主要取决于后燃的多少、工质与气缸壁间的热交换及泄漏情况。凡是使后燃增加、传热损失减少、漏气量减少的因素均使 n_2 减小。汽油机 n_2 一般取值范围为 1.20～1.28。

2. 热力计算

1）工质燃烧计算

汽油的平均元素成分 $g_C = 0.855$，$g_H = 0.145$，$g_O = 0.00$，燃料低热值 $H_u = 43960 \text{J/kg}$，理论空气量计算公式为

$$L_0 = 1.193\left(\frac{g_C}{3} + \frac{g_H}{1} - \frac{g_O}{8}\right) = 0.513 \text{kmol} \tag{3.2}$$

式中：g_C，g_H，g_O 分别是三种元素质量比。

理论分子变化系数 μ_0 的计算公式为

$$\mu_0 = 1 + [0.21(1-\varphi_a)L_0 + g_H/4 - 1/m_r]/(\varphi_a L_0 + 1/m_r) \tag{3.3}$$

实际分子变化系数 μ 的计算公式为

$$\mu = (\mu_0 + \varphi_r)/(1 + \varphi_r) \tag{3.4}$$

不完全燃烧而引起的热量损失 ΔH_u 计算公式为

$$\Delta H_u = 61100(1 - \varphi_a) \tag{3.5}$$

2）确定气缸直径 D 和冲程 S

由设计功率求单缸排量 V_h，再根据公式确定气缸直径 D 和冲程 S，计算公式如下：

$$V_h = 30\tau W_e/(i \cdot n \cdot P_{me}) \tag{3.6}$$

$$V_h = S\pi D^2/4 \tag{3.7}$$

式中：τ 为冲程数；i 为缸数；n 为转速；W_e 为有效功率。

3）进气过程参数的确定与计算

进气体积计算公式为 $V_a = \varepsilon V_c$；进气终点压力 P_a，排气终点压力 P_r 和温度 T_r 均由经验

公式确定,对于四冲程汽油机来说,$P_a = (0.80 \sim 0.90)P_0$,$P_r = (1.05 \sim 1.15)P_0$,$T_r = 900 \sim 1100K$。

进气终点温度 T_a 的计算公式为

$$T_a = (T_S + \Delta T + \varphi_r T_r)/(1 + \varphi_r) \tag{3.8}$$

对于四冲程汽油机取值为 $T_a = 340 \sim 380K$。

充气效率 η_v 的计算方法为

$$\eta_v = \frac{\varepsilon P_n T_S}{(\varepsilon - 1)T_n P_S(1 + \varphi_r)} \tag{3.9}$$

对于四冲程汽油机(顶置气门):$\eta_v = 0.75 \sim 0.85$。

4)压缩终点参数的确定

$$V_c = V_h/(\varepsilon - 1) \tag{3.10}$$

$$P_c = P_a \varepsilon^{n_1} \tag{3.11}$$

$$T_c = T_a \varepsilon^{n_1 - 1} \tag{3.12}$$

对于汽油机来说,一般 $P_c = 0.8 \sim 2MPa$,$T_c = 600 \sim 750K$。

5)燃烧过程终点参数的确定

终点压力 P_z 及压力升高比 λ 根据公式 $P_z = \lambda P_c$ 计算。对于汽油机来说,$P_z = 3 \sim 6.5MPa$,$\lambda = 2.0 \sim 4.0$,终点温度 T_z 一般取 $2200 \sim 2800K$。

6)膨胀过程终点参数的确定

后期膨胀比 $\delta = V_b/V_z = \varepsilon/\rho$,则膨胀终点压力 P_b 和温度 T_b 为

$$P_b = P_z/\delta^{n_2} \tag{3.13}$$

$$T_b = T_z/\delta^{n_2} \tag{3.14}$$

$$V_a = \varepsilon V_c \tag{3.15}$$

对于汽油机,一般 $P_b = 0.3 \sim 0.6MPa$,$T_b = 1200 \sim 1400K$。

7)指示性能指标计算

平均指示压力计算采用以下公式:

$$P_i' = \frac{P_c}{(\varepsilon - 1)}\left[\lambda(\rho - 1) + \frac{\lambda \rho}{n_2 - 1}\left(1 - \frac{1}{\delta^{n_2 - 1}}\right) - \frac{1}{n_1 - 1}\left(1 - \frac{1}{\varepsilon^{n_1 - 1}}\right)\right] \tag{3.16}$$

$$P_i = P_i' \varphi_i \tag{3.17}$$

式中:P_i' 为理论平均指示压力。

指示热效率 η_i 计算方法:

$$\eta_i = 8.314 \frac{\varphi_a L_0 T_S}{H_u P_S \eta_v} P_m i \tag{3.18}$$

指示燃油消耗率计算方法:

$$b_i = 3.6 \times 10^6/(H_u \eta_i) \tag{3.19}$$

对于四冲程汽油机有 $b_i = 218 \sim 344 g/(kW \cdot h)$。

8）有效指标的计算

平均有效压力：

$$P_e = P_i \eta_m \tag{3.20}$$

对于四冲程汽油机，平均有效压力范围为 0.65～1.20MPa。

有效热效率：

$$\eta_e = \eta_i \eta_m \tag{3.21}$$

有效燃油消耗率：

$$b_e = 3.6 \times 10^6 / (H_u \eta_e) \tag{3.22}$$

对于四冲程汽油机，有效燃油效率范围为 270～410g/(kW·h)。

3.2 燃气涡轮发动机结构设计及计算

固定翼无人机常采用喷气式发动机作为动力装置，这类发动机的典型代表是涡轮喷气发动机。其结构组成包括进气道、压气机、燃烧室、涡轮和尾喷管等。发动机在工作时，空气从进气道进入发动机，在进气道内，外界高速气流被调整为适合压气机的速度。从进气道出来的气流随后进入压气机，在压气机叶片旋转作用下，气流的压力、温度升高。空气在压气机中压缩后被送入燃烧室与航煤混合燃烧，随后经涡轮导向器流入与压气机装在同一转子上的涡轮，并推动涡轮和压气机高速旋转。从涡轮流出的高温高压燃气直接进入尾喷管，并在尾喷管中继续膨胀，最后从发动机尾喷管高速喷出，发动机在高速喷出的气流反作用力下获得推力。涡轮喷气发动机推重比大，因此主要应用于高空、高速无人机。

根据能量输出方式的不同，在涡轮喷气发动机的基础上，派生出了涡轮风扇发动机、涡轮螺旋桨发动机和涡轮轴发动机。涡轮风扇发动机主要由风扇、低压压气机、高压压气机、燃烧室、驱动压气机的高压涡轮、驱动风扇的低压涡轮和排气系统组成。涡扇发动机工作时，空气流经风扇后分为两路，一路是内涵气流，按照涡喷发动机的原理工作，经过压气机压缩后进入燃烧室与油气混合燃烧，燃气经过涡轮膨胀后从喷管高速喷出产生推力；另一路是外涵气流，经过外涵道直接排入大气或者同内涵道的燃气一起从尾喷管排出。涡扇发动机的优点是推力大、推进效率高、噪声低、燃油消耗率低，与涡轮喷气发动机相比更加经济省油，缺点是发动机结构复杂，设计难度大。因此涡扇发动机一般应用在大型喷气式飞机上。

涡桨发动机是在涡扇发动机的基础进一步改进而成的，不同的地方是去掉了涡扇发动机风扇外壳，用螺旋桨代替原来的风扇。涡桨发动机的主要部件包括螺旋桨、减速器、压气机、燃烧室、高压涡轮、低压涡轮和排气管。螺旋桨由低压涡轮驱动，由于螺旋桨的直径大，设计转速远低于涡轮的额定转速，因此在发动机输出端设计有减速器。涡桨发动机优点是功率大，稳定性好，噪声小，寿命长，且耗油率较低，适用于大型的长航时低速无人机。涡轮轴发动机和涡桨发动机在结构和原理上基本相同，只是两者的动力输出稍有区别。涡轮轴发动机主要由进气道、压气机、燃烧室、涡轮、动力涡轮和排烟管等组成，其中涡轮用于驱动压气机工作，动力涡轮用于驱动减速箱输出功率。涡轮轴发动机通常用于直升机或者旋翼类无人机。

3.2.1 燃气涡轮发动机结构设计流程

根据燃气涡轮发动机工作原理和结构组成，设计人员通常按照以下步骤进行总体结构设计。

（1）根据推力要求确定发动机尾喷管直径、长度，涡轮叶片外圆和内圆直径。

（2）按照压气机、涡轮叶片直径约等原则，确定离心式压气机叶轮直径。

（3）根据气动计算，确定压气机、涡轮叶片角度，各截面线型，导向器叶片角度，扩压器最大直径，根据流量公式计算压气机通流面积。

（4）进行热力计算，根据进气量、通流面积等确定燃烧室直径、长度、开孔直径和数量。

（5）根据旋转部件与壳体间隙经验值确定发动机外壳尺寸，包括压气机导向器、涡轮壳体。

（6）根据燃烧室尺寸，压气机叶轮、扩压器、导向器以及涡轮叶片尺寸确定发动机主轴、轴套直径和长度，确定所使用的轴承型号规格。

3.2.2 燃气涡轮发动机结构设计计算

如图 3-1 所示，燃气涡轮发动机主要由进气道、压气机、燃烧室、涡轮机、动力涡轮组件、排气壳组成，气体在其中流通，经过了几个不同的阶段，现根据各阶段的特点划分截面，1 表示进气道，2 表示离心式叶轮入口，1—2 代表压缩过程；3 表示扩压器出口（燃烧室入口），2—3 代表等熵压缩过程；4 表示燃烧室出口和涡轮机入口，3—4 代表燃烧过程；5 表示涡轮机出口，4—5 代表燃气做功、等熵膨胀过程；6 代表动力涡轮导向器入口，7 代表动力涡轮出口及排气壳入口，8 代表排气出口。

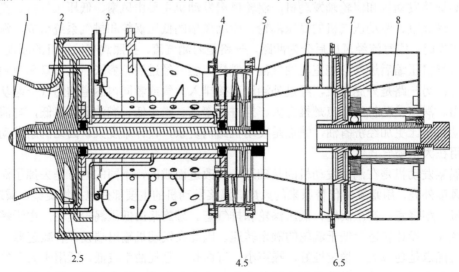

图 3-1 典型燃气涡轮发动机各截面标识

1. 发动机总体设计计算

1）确定发动机转子外径

根据涡轮叶片材料 K418 在燃烧室出口温度 780℃时能承受的最大离心应力,确定涡轮叶片最大转速及出口速度,涡轮出口角度一般选择 34～37°。

$$u = d_m \pi n \tag{3.23}$$

$$c = u \tan \beta \tag{3.24}$$

$$d_m = (d_a + d_i)/2 \tag{3.25}$$

式中：u 为圆周方向气流速度；c 为轴向气流速度；d_m 为涡轮叶尖直径和叶根直径的平均值；n 为转速；d_a 为涡轮叶尖直径；d_i 为叶根直径；β 为涡轮叶片出口角。

2）发动机推力及空气质量流量计算

$$F = mc \tag{3.26}$$

$$m = Ac\rho \tag{3.27}$$

$$\rho = \rho_N 273/(T+273) \tag{3.28}$$

$$A = (d_a^2 + d_i^2)\pi/4 \tag{3.29}$$

式中：F 为发动机推力；m 为质量流量；c 为气流绝对速度；ρ 为气流密度；A 为发动机通流部分截面积；T 为气流温度；d_a 为涡轮叶尖直径；d_i 为叶根直径。

2. 压气机设计计算

1）进气道计算

由于发动机进气道采用收缩形流道,气流在进气道中降压增速。空气从大气环境进入发动机,在进气道中不与外界发生能量交换,已知进口气体状态参数、质量流量和出口面积,求出口的参数,公式如下：

$$T_2 = T_1 - \frac{c_2^2}{2C_{pa}} \tag{3.30}$$

$$P_2 = P_1 \left(1 - \frac{c_2^2}{2C_{pa}T_1\eta_{1-2}}\right)^{k/(k-1)} \tag{3.31}$$

$$\rho_2 = \frac{P_2}{R_a T_2} \tag{3.32}$$

$$m_2 = \rho_2 c_2 \pi \left(d_{22}^2 - d_{21}^2\right)/4 \tag{3.33}$$

在进行迭代计算时,通常取 c_2 为100m/s左右,迭代得到的质量流量与发动机设计质量流量进行对比,当两值相等时,所取的 c_2 值为最终值。

式中：已知质量流量 m,单位为kg/s；大气温度 T_1,单位为K；压强 P_1,单位为kPa；空气定压比热容 C_{pa},单位为J/(kg·K)；气体常数 R_a,单位为J/(kg·K)；绝热指数 k=1.4,叶轮入口叶顶直径 d_{22}、叶根直径 d_{21}、进气道效率 η_{1-2}。计算进气道出口温度 T_2,单位为K；压强 P_2,单位为kPa；密度 ρ_2,单位为kg/m³ 和质量流量 m_2,单位为kg/s。

2）离心式压气机计算

压气机包括压气机叶轮和扩压器,计算状态点有叶轮出口（扩压器入口）状态 2.5

和扩压器出口状态点 3，扩压器出口滞止参数，按照下列公式计算。

压气机出口总压：

$$P_{03} = P_1 \varepsilon \tag{3.34}$$

压气机出口理想总温：

$$T_{03t} = T_1 \varepsilon^{(n-1)/n} \tag{3.35}$$

压气机出口实际总温：

$$T_{03} = T_1 + (T_{03t} - T_1)/\eta_2 \tag{3.36}$$

上述公式中，压气机压缩比 ε 及总效率 η_{2-3} 根据经验值代入计算。

3）扩压器入口参数计算

假设扩压器入口速度 $c_{2.5}$ 的值，利用出口总温、总压计算静温、静压和密度，由面积、流量得出径向分速度和切向分速度。因为斜向分速度与功率有关，通过功率可以判定迭代计算所取的初始值是否正确。气流从压气机获得的功为

$$W_C = mC_{pa}(T_{03} - T_1) \tag{3.37}$$

扩压器入口参数计算公式如下：

$$T_{2.5} = T_{03} - \frac{c_{2.5}^2}{2C_{pa}} \tag{3.38}$$

$$P_{2.5} = P_{03}\left(1 - \frac{\eta_{2.5-3}c_{2.5}^2}{2C_{pa}T_{2.5}}\right)^{-k/(k-1)} \tag{3.39}$$

$$\rho_{2.5} = \frac{P_{2.5}}{RT_{2.5}} \tag{3.40}$$

$$c_{r2.5} = \frac{m}{\rho_{2.5}\pi d_2 b} \tag{3.41}$$

$$\alpha_{2.5} = \arccos\frac{c_{r2.5}}{c_{2.5}} \tag{3.42}$$

$$c_{u2.5} = c_{2.5}\sin\alpha_{2.5} \tag{3.43}$$

$$u_{2.5} = \pi d_2 n/60 \tag{3.44}$$

$$W_{2-2.5} = mc_{u2.5}u_{2.5} \tag{3.45}$$

将迭代得到的叶轮做功 $W_{2-2.5}$ 与发动机设计值进行对比，当两值相等时，所取的 $c_{2.5}$ 值为最终值。上述式中：$T_{2.5}$ 为扩压器入口温度；$P_{2.5}$ 为扩压器入口压强；$\rho_{2.5}$ 为扩压器入口气流密度；$c_{r2.5}$ 为扩压器入口气流径向速度；$c_{u2.5}$ 为扩压器入口气流切向速度；$u_{2.5}$ 为叶轮外径线速度；$\alpha_{2.5}$ 为扩压器入口角；$W_{2-2.5}$ 为叶轮做功。

4）扩压器出口参数计算

扩压器的径向尺寸决定了发动机的直径，相比涡轮增压器的无导叶设计，涡轮发动机的整体叶片扩压器比较紧凑，效率要高，一般扩压器出口直径与入口直径比值（d_4/d_3）为 1.2~1.6，扩压器通道宽度 b 等于压气机叶轮出口叶片高度，可根据质量流量和密度计算。相关参数标识如图 3-2、图 3-3 所示。

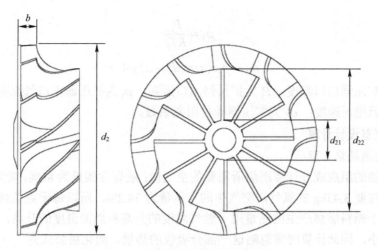

图 3-2 压气机叶轮设计参数标识

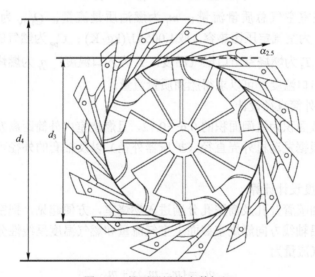

图 3-3 扩压器设计参数标识

扩压器减速扩压是通过气流通道面积不断增大实现的，设计的主要目的是通过减速扩压使得压缩比尽可能大，同时进入燃烧室的空气流速足够小使得燃烧能够稳定进行。通常进入燃烧室的气流速度控制在 50～100m/s。压气机叶轮出口面积根据公式 $A_2=\pi d_2 b$ 计算，扩压器出口面积根据公式 $A_3=\pi(d_4^2-d_3^2)/4$ 计算。再根据公式 $A_3/A_2=c_2/c_3$ 计算可得到扩压器出口气流速度。

利用出口总温、总压和出口速度计算扩压器出口参数，公式如下：

$$T_3 = T_{03} - \frac{c_3^2}{2C_{pa}} \tag{3.46}$$

$$P_3 = P_{03}\left(1 - \frac{c_3^2}{2C_{pa}T_{03}}\right)^{k/(k-1)} \tag{3.47}$$

$$\rho_3 = \frac{P_3}{RT_3} \tag{3.48}$$

$$m_3 = \rho_3 c_3 \pi \sigma_3 (d_4^2 - d_3^2)/4 \tag{3.49}$$

式中：T_3 为扩压器出口温度；P_3 为扩压器出口压强；ρ_3 为扩压器出口气流密度；c_3 为扩压器出口气流绝对速度；σ_3 为扩压器叶片阻塞系数。

3. 燃烧室设计计算

1）燃油消耗量计算

根据燃油的组成成分计算燃烧所需要的空气量：航煤含碳量为 86%，含氢量为 14%，每千克航煤需要 3.43kg 的氧气，空气中的含氧量为 24.2%，所以每千克航煤需要 14.7kg 的空气。由于燃料燃烧产生的热量用于燃气温度的升高和燃油温度的升高，且燃油量相比空气量很小，因此计算时常忽略这一部分吸收的热量。简化后公式为

$$m_f Q_{LHV} \eta_r \approx m_a (C_{pg} T_4 - C_{pa} T_3) \tag{3.50}$$

式中，m_a 为燃烧室空气总质量流量；m_f 为燃油质量流量；Q_{LHV} 为航煤低热值，取 42900kJ/kg；C_{pa} 为空气定压比热容，取 $1.005 kJ/(kg \cdot K)$；C_{pg} 为燃气的定压比热容，取 $1.244 kJ/(kg \cdot k)$；T_4 为燃烧室出口燃气温度；T_3 为入口温度；η_r 为燃烧效率。已知空气流量和燃烧室进出口温度，可以求得燃油质量流量。

2）燃烧室内外筒直径设计

一般燃烧室截面积为机闸面积的 0.6~0.72，且燃烧室内外筒距离发动机外壳和轴套基本相等。那么根据发动机外壳直径（扩压器外径）以及轴套的外径可以得到燃烧室内外筒的直径。

3）燃烧室长度设计计算

空气经过燃油喷管开孔及筒壁孔分别进入燃烧室，方便起见，把空气流量看作沿燃烧室连续分布，沿轴线方向燃烧室截面上空气流量和燃气温度呈线性分布，则相对长度为 x 的截面上空气流量为

$$m_x = (m - m_0)x + m_0 \tag{3.51}$$

m_0 表示从燃油喷管开孔处进入燃烧室的空气量，在相对长度为 1 的燃烧室后端位置，空气流量增加到燃烧室空气总量。

而燃烧室截面上的温度 $T_x = (T_4 - T_{pz})x + T_{pz}$，其中 T_{pz} 是主燃区温度。假设沿火焰流动方向的压力 P_3 不变，用流量和面积计算燃烧室截面上的速度：

$$C_x = \frac{m_x}{A_j \rho_x} = \frac{m_x R T_x}{A_j P_3} = \frac{R}{A_j P_3}[(m - m_0)x + m_0][(T_4 - T_{pz})x + T_{pz}] \tag{3.52}$$

通过长度和速度得到燃油在燃烧室中的停留时间为

$$t = \int_0^1 \frac{L dx}{c_x} = \int_0^1 \frac{LAP_3}{R} \times \frac{1}{[(m - m_0)x + m_0]} \times \frac{1}{[(T_4 - T_{pz})x + T_{pz}]} dx \tag{3.53}$$

式中：m 为燃烧室总的空气流量；A_j 为燃烧室截面积；P_3 为燃烧室压力；R 为空气常数；T_4 为燃烧室出口温度；L 为燃烧室长度。

通常燃油雾化颗粒大小决定了其在燃烧室中燃烧完全的时间，理论上颗粒直径越小

越好，微型燃机由于其尺寸限制，一般驻留时间为 1～3ms，设计时可根据雾化效果，确定燃烧室长度。

4）主燃区、次燃区、掺混区空气分配和开孔面积计算。

燃烧室总的开孔面积按照下式计算：

$$A_k = m_3/\rho_3 u \tag{3.54}$$

式中，A_k 为燃烧室开孔面积；m_3 为燃烧室空气总流量；ρ_3 为燃烧室空气密度；u 为空气进入燃烧室开孔的速度。

计算得到燃烧室总的空气流量后，再计算各分区空气流量比例，最终得到各分区空气流量。主燃区占空气流量按照燃油量的理论燃烧空气量计算，则主燃区空气分配比为 $14.7m_f/m_a$，次燃区和掺混区空气流量则按照均分原则分配。一般主燃区为 40%，次燃区和掺混区均为 30% 左右。确定各分区空气流量后，最终按照内外筒开孔均匀分布以及主燃区、次燃区、掺混区孔径依次增大的原则，进行开孔数量和孔径的设计。

4. 涡轮设计计算

对于轴流涡轮，压气机叶轮直径一般比涡轮平均直径大 20%，外径基本相同。已知涡轮外径，则根据以下公式计算导向器、涡轮的叶根直径：

$$d_i = \sqrt[2]{(d_a^2 - 4m_4/\pi\rho_4 c_4 \sigma_4)} \tag{3.55}$$

式中：m_4 为燃烧室出口燃气流量；ρ_4 为燃气密度；c_4 为燃烧室出口燃气速度；σ_4 为导向器入口阻塞系数。

1）导向器出口参数

取导向器的效率 $\eta_{4-4.5}$ 为 0.7，涡轮的机械效率 η_{mt} 及压气机的机械效率 η_{mc}，则涡轮需输出的功为

$$W_{4.5-5} = W_{2-2.5}/\eta_{4-4.5}\eta_{mt}\eta_{mc} \tag{3.56}$$

假设导向器出口燃气速度 $c_{4.5}$，根据下列公式计算导向器相关参数：

$$T_{4.5} = T_{04} - \frac{c_{4.5}^2}{2C_{pg}} \tag{3.57}$$

$$P_{4.5} = P_{04}\left(1 - \frac{c_{4.5}^2}{2\eta_{4-4.5}C_{pg}T_{04}}\right)^{k/(k-1)} \tag{3.58}$$

$$\rho_4 = \frac{P_{4.5}}{RT_{4.5}} \tag{3.59}$$

$$c_{a4.5} = \frac{4m}{\rho_{4.5}\pi(d_a^2 - d_i^2)} \tag{3.60}$$

$$\alpha_{4.5} = \arccos\frac{c_{a4.5}}{c_{4.5}} \tag{3.61}$$

$$c_{u4.5} = c_{4.5}\sin\alpha_{4.5} \tag{3.62}$$

$$u_{4.5} = \pi d_m n/60 \tag{3.63}$$

$$W_{4.5-5} = mc_{u4.5}u_{4.5} \tag{3.64}$$

将迭代得到的涡轮输出功与发动机设计涡轮输出功进行对比，当两值相等时，所取的 $c_{4.5}$ 值为最终值。

上述式中：$T_{4.5}$ 为导向器出口温度；$P_{4.5}$ 为导向器出口压强；k 为绝热指数，取值 1.333；$\rho_{4.5}$ 为导向器出口燃气密度；$c_{a4.5}$ 为导向器出口燃气轴向速度；$c_{u4.5}$ 为导向器出口燃气切向绝对速度；$u_{4.5}$ 为燃气平均线速度；$\alpha_{4.5}$ 为导向器出口角；$W_{4.5-5}$ 为涡轮输出功。

2）涡轮出口参数

如图 3-4、图 3-5 所示，涡轮外径和内径分别为 d_a、d_i，涡轮入口为涡轮导向器出口，由于压力未知，则根据下式计算：

$$T_{05} = T_{04} - W_5/mC_{pg} \tag{3.65}$$

$$P_{05} = P_{04}\left(\frac{T_{05}}{T_{04}}\right)^{k/(k-1)} \tag{3.66}$$

假设涡轮出口速度 c_5，将初始值代入下列公式进行迭代计算：

$$T_5 = T_{05} - \frac{c_5^2}{2C_{pg}} \tag{3.67}$$

$$P_5 = P_{05}\left(1 - \frac{c_5^2}{2C_{pg}T_{05}}\right)^{k/(k-1)} \tag{3.68}$$

$$\rho_5 = \frac{P_5}{RT_5} \tag{3.69}$$

$$m_5 = \rho_5 c_5 \pi (d_a^2 - d_i^2)/4 \tag{3.70}$$

式中：T_5 为涡轮出口温度；P_5 为涡轮出口压强；ρ_5 为涡轮出口气流密度；c_5 为涡轮出口气流绝对速度。

将迭代得到的质量流量与发动机设计质量流量进行对比，当两值相等时，所取的 c_5 值为最终值。

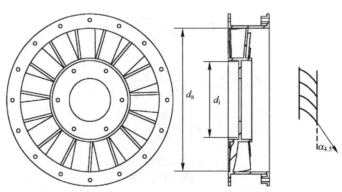

图 3-4　导向器设计参数标识

5. 动力涡轮组件设计计算

动力涡轮组件设计计算时，一般假定动力涡轮输出功率与涡轮额外输出功率相同，再根据涡轮出口速度，计算动力涡轮导向器的入口和出口速度，最后计算动力涡轮的出口速度。

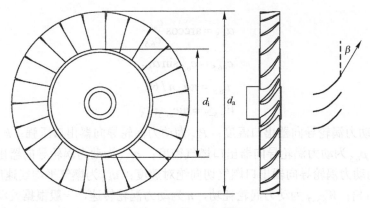

图 3-5 涡轮设计参数标识

1) 动力涡轮导向器入口参数计算

由于 $T_{06}=T_{05}$，$P_{06}=P_{05}$，从燃气发生器涡轮的出口到动力涡轮的入口取流动效率为 1。假设动力涡轮导向器入口速度 c_6，将初始值代入以下式计算：

$$T_6 = T_{06} - \frac{c_6^2}{2C_{pg}} \tag{3.71}$$

$$P_6 = P_{06}\left(1 - \frac{c_6^2}{2C_{pg}T_{06}}\right)^{k/(k-1)} \tag{3.72}$$

$$\rho_6 = \frac{P_6}{RT_6} \tag{3.73}$$

$$m_6 = \rho_6 c_6 \pi (d_7^2 - d_6^2)/4 \tag{3.74}$$

式中：T_6 为动力涡轮导向器入口温度；P_6 为动力涡轮导向器入口压强；ρ_6 为动力涡轮导向器入口气流密度；c_6 为动力涡轮导向器入口气流绝对速度；d_6，d_7 分别为动力涡轮内径和外径。

将迭代得到的质量流量与发动机设计质量流量进行对比，当两值相等时，所取的 c_6 值为最终值。

2) 动力涡轮导向器出口参数计算

通过迭代计算导向器出口速度 $c_{6.5}$，继续使用下列公式计算：

$$T_{6.5} = T_{06} - \frac{c_{6.5}^2}{2C_{pg}} \tag{3.75}$$

$$P_{6.5} = P_{06}\left(1 - \frac{c_{6.5}^2}{2\eta_{6-6.5}C_{pg}T_{06}}\right)^{k/(k-1)} \tag{3.76}$$

$$\rho_6 = \frac{P_{6.5}}{RT_{6.5}} \tag{3.77}$$

$$c_{a6.5} = \frac{4m}{\rho_{6.5}\pi(d_7^2-d_6^2)} \tag{3.78}$$

$$\alpha_{6.5} = \arccos\frac{c_{a6.5}}{c_{6.5}} \tag{3.79}$$

$$c_{u6.5} = c_{6.5}\sin\alpha_{6.5} \tag{3.80}$$

$$u_{6.5} = \pi d_m n / 60 \tag{3.81}$$

$$W_{6.5-7} = mc_{u6.5}u_{6.5} \tag{3.82}$$

式中：$T_{6.5}$ 为动力涡轮导向器出口温度；$P_{6.5}$ 为动力涡轮导向器出口压强；k 为绝热指数，取值 1.333；$\rho_{6.5}$ 为动力涡轮导向器出口燃气密度；$c_{a6.5}$ 为动力涡轮导向器出口燃气轴向速度；$c_{u6.5}$ 为动力涡轮导向器出口燃气切向绝对速度；$u_{6.5}$ 为燃气平均线速度；$\alpha_{6.5}$ 为动力导向器出口角；$W_{6.5-7}$ 为动力涡轮耗功，n 为动力涡轮转速，一般根据发动机驱动的螺旋桨或者负载设定，对于螺旋桨来说，n 取值为螺旋桨最大转转乘以传动比。

6. 排气壳参数计算

假设动力涡轮输出功 W_7 为某值（实际值为发动机带动螺旋桨所做的功），则动力涡轮输入功率为 $W_7 / \eta_{6.5-7}\eta_{mt}\eta_{mg}$，其中 $\eta_{6.5-7}$ 为动力涡轮效率，η_{mt} 为涡轮机械效率，η_{mg} 为齿轮箱机械效率。又排气壳出口静压等于外界大气压，假设动力涡轮出口的绝对速度方向是轴向的，排气管的出口总温为

$$T_{08} = T_{07} = T_{06} - W_7 / (mC_{pg}) \tag{3.83}$$

一般情况下涡轴发动机的排气速度为 $125\sim135\mathrm{m/s}$，假设排气壳出口燃气速度 c_8 为该区间某值，方向沿轴向，将该初始值代入下列公式中进行迭代计算：

$$T_8 = T_{08} - \frac{c_8^2}{2C_{pg}} \tag{3.84}$$

$$P_8 = P_1 \tag{3.85}$$

$$\rho_8 = \frac{P_8}{RT_8} \tag{3.86}$$

$$m_8 = 2\rho_8 c_8 \pi d_8^2 / 4 \tag{3.87}$$

式中：T_8 为排气壳出口温度；P_8 为排气壳出口压强；ρ_8 为排气壳出口气流密度。经过迭代计算，质量流量与发动机设计流量进行对比，得到 c_8 正确值。

再根据下列公式计算排气壳进口即动力涡轮出口各参数：

$$P_{07} = P_{08} = P_8\left(1 - \frac{c_8^2}{2C_{pg}T_{08}}\right)^{-k/(k-1)} \tag{3.88}$$

$$T_{07} = T_{08} \tag{3.89}$$

$$T_7 = T_{07} - \frac{c_7^2}{2C_{pg}} \tag{3.90}$$

$$P_7 = P_{07}\left(1 - \frac{c_7^2}{2C_{pg}T_{07}}\right)^{k/(k-1)} \tag{3.91}$$

$$\rho_7 = \frac{P_7}{RT_7} \tag{3.92}$$

$$m_7 = \rho_7 c_7 \pi (d_7^2 - d_6^2)/4 \tag{3.93}$$

式中：T_7 为动力涡轮出口温度；P_7 为动力涡轮出口压强；ρ_7 为动力涡轮出口气流密度；c_7 为动力涡轮出口气流绝对速度。

3.3 旋转脉冲爆震涡扇发动机结构设计及计算

脉冲爆震发动机（PDE）是利用爆震燃烧产生的爆震波来压缩气体进而产生动力的发动机。由于爆震燃烧产生的爆震波使可爆燃料的压力、温度迅速升高，且传播速度极快，因此，发动机整个燃烧过程接近定压燃烧，其热循环效率远高于普通发动机定容燃烧效率。PDE 主要由进气道、爆震室、尾喷管、爆震激发器、阀门等组成，与传统发动机相比，由于省去了压气机、涡轮机等部件，因此具有结构简单、推重比高、成本低廉等特点。PDE 一个工作循环包括进气、喷油、点火、燃烧（含爆震波的生成及传播）及排气几个阶段，各阶段按照间歇性、周期性原则进行，当爆震频率大于 100Hz 时，可近似认为其过程是连续的。

脉冲爆震推进系统主要分为火箭式、吸气式、组合循环以及混合循环四种方式，其中可应用于无人机的脉冲爆震推进系统主要为组合循环和混合循环两种。组合循环 PDE 是在相同的流道里安装不同循环方式的发动机，每种循环在不同飞行速度范围内工作；混合循环 PDE 采用脉冲爆震燃烧室（PDC）与涡轮机械相组合的方式，用爆震燃烧代替定压燃烧，可用于新一代超声速无人机。本节主要介绍组合循环 PDE，即旋转脉冲爆震涡扇发动机的总体结构设计和计算方法。

3.3.1 旋转脉冲爆震涡扇发动机结构设计流程

根据旋转脉冲爆震涡扇发动机结构组成及工作原理，其总体结构设计流程如下：

（1）完成涡扇发动机总体结构设计。

（2）根据涡扇发动机尺寸确定脉冲爆震发动机外径、内径尺寸，脉冲管数量及环扇形通道结构形式。

（3）根据脉冲爆震发生条件确定脉冲管直径和长度。

（4）确定旋转阀的开口角度和宽度，根据旋转阀开口尺寸和脉冲管尺寸，使用充气计算公式计算充气量、充气时间和旋转阀转速。

（5）根据脉冲管数量、旋转阀转速，确定点火开关和传感器数量和位置，同时确定涡扇发动机附件传动箱至旋转阀的传动比。

（6）根据充气量和充气速度确定喷油流量。

（7）设计稳焰器和掺混器。

3.3.2 旋转脉冲爆震涡扇发动机结构设计计算

1. 旋转阀体设计

PDE 一个工作周期包括充气、爆震燃烧、排气及扫气过程，除排气开始外，其他过程的开始与结束完全由旋转阀体及燃料喷射共同决定。由于旋转阀体开孔角度与充气过程扫过的角度并不一致，且充气过程只是其中的一部分，因此两个角度的差值即为扫气过程。PDE 一个工作周期的四个时间段包括充气时间、DDT（Deflagration Detonation Transition）时间、爆震燃烧时间、排气时间，即

$$t_{循环} = t_{充气} + t_{DDT} + t_{爆震} + t_{排气} \tag{3.94}$$

其中充填时间取决于进气速度和爆震管长度，即 $t_{充气} = L/V_{充气}$，t_{DDT} 时间取 3ms，爆震时间及膨胀排气时间影响因素多，一般两时间之和取爆震波传出爆震管所需时间的 10 倍，即 $t_{爆震} + t_{排气} = 10 \times L/U$，其中 L 为爆震管长度，U 为爆震波传播速度。

爆震管完全处于关闭状态的时间为 $t_{DDT} + t_{爆震} + t_{排气}$。PDE 的循环周期给定后，旋转阀体的旋转角速度为

$$\omega = \pi / t_{循环} \tag{3.95}$$

则旋转阀不开孔角度为

$$\theta = \omega \cdot (t_{DDT} + t_{爆震} + t_{排气}) \tag{3.96}$$

爆震管的填充时间为

$$t_{充气} = t_{循环} - (t_{DDT} + t_{爆震} + t_{排气}) \tag{3.97}$$

充气的气流速度为

$$U = L / t_{充气} \tag{3.98}$$

由于爆震产生的冲击力会引起发动机高频振动，为了防止旋转阀体因振动而损坏和漏气，该部件结构要达到相应的强度，同时旋转部位设计止推轴承和弹簧，以确保旋转阀体出口端面能够时刻与气阀组件前端面保持密封。

2. 气阀组件、火焰稳定器设计

气阀组件由气阀、弹簧、气阀座本体组成，作用是控制气流和油气充分混合并周期性进入爆震管内爆炸燃烧，工作时该部件承受着高频爆震力和热负荷作用。为确保部件能够长时间稳定工作，设计上需要达到以下要求：一是组件在高温高压恶劣环境下做机械开关循环运行，并且混合油气在爆震管内起爆后会产生持续高温高压环境，因此该组件要有足够的耐热强度和机械强度；二是爆震管一端封闭时混合油气爆燃发出的能量可以在爆震管内迅速积累，短距离内完成 DDT 过程形成爆震燃烧，因此组件要有良好的单向阀功能；三是 PDE 高频工作时，阀门做高速的开闭运动，这就要求组件具备良好的频率响应功能，否则易造成 PDE 供油混乱。阀门设计时参考往复式机械排气阀结构设计，气阀选择耐高温、高强度、高弹性的材质制作，弹簧预紧力和频率响应合适，气阀座本体具备足够耐腐蚀和抗冲击能力。

3. 爆震管、火焰稳定器、掺混器、扰流器设计

爆震管设计采用多管结构，一方面是为了实现进气道准稳态流动，减少 PDE 的非稳态工作特性对涡扇发动机的影响；另一方面采用扇形环管布置的多管机构可以在爆震管当量直径确定的情况下最大限度地减小整个发动机径向尺寸。爆震发动机的推力与爆震管长度和直径有关，其计算公式为

$$F = l_v \frac{\pi d^2}{4} fL \tag{3.99}$$

式中：l_v 为单位体积冲量；L 为爆震管长度；d 为爆震管直径；f 为爆震频率。

爆震管长度设计需要考虑到其对发动机的影响，太长影响发动机的安装，也不利于发动机的高频工作，太短则影响爆震的产生。因此设计时爆震管长度 L 必须大于燃料由缓燃向爆震转变的距离（L_{DDT}）。

L_{DDT} 与爆震胞格尺寸 λ 有关，他们之间关系为 $L_{DDT} \geqslant 10\lambda$，而爆震胞格尺寸与燃油种类相关，常温下航煤的胞格尺寸约为 60mm，同时 L_{DDT} 还受到爆震管内部结构、点火能力等因素影响，因此采用航煤为燃料的脉冲爆震发动机长度 L 选取范围是 $2m > L > L_{DDT} \geqslant 0.6m$。

脉冲爆震发动机能否产生爆震波取决于爆震管当量直径与燃油临界直径的大小关系。当爆震管的当量直径小于燃料临界直径时，脉冲爆震发动机不能产生爆震燃烧，因此爆震管当量直径必须大于燃烧临界直径。燃烧临界直径与燃料胞格尺寸的关系为 $d \geqslant \lambda/\pi$，λ 为燃料胞格尺寸。爆震管采用扇环形结构，且由于爆震管在 PDE 运行时承受周期性冲击载荷及热负荷，因此该部件必须具有抗冲击、抗疲劳性能。

工程实际中爆震发动机常采用间接触发爆震技术，即采用低能点火装置点燃可燃混合气，通过爆燃向爆震转变（DDT）完成起爆过程。影响 DDT 过程的因素很多，主要包括点火性能、燃烧放热率、爆震室内的可燃气体分布等。对于两相多循环的 PDE，实现成功起爆的关键在以下几个方面：一是快速形成均匀可爆混合燃气；二是适时可靠地点火；三是燃烧波快速叠加形成激波，激波使爆震管内局部受限空间混合燃气发生微尺度爆炸，从而触发爆震波的形成。常用的一些促使爆震波形成的技术有点火技术、扰流技术、掺混技术等。

旋转阀式脉冲爆震发动机不管是提前点火还是滞后点火，其点火过程都是在高速气流中进行的，此时点火热容强度大，气流速度高，给点火和稳焰带来很大困难，因此需要设计火焰稳定器。火焰稳定器安装在点火器前，在其附近产生回流区，同时起到掺混可燃混合气增加初始火焰面积的作用。点火准则参数 K 必须满足：

$$K = \frac{P \cdot T \cdot W}{V} \geqslant 10 \quad (3.100)$$

式中：P 为压力；T 为温度；W 为槽宽；V 为速度。

初始火焰的快速传播是在较短的爆震管内快速完成 DDT 过程并产生爆震波的又一重要条件。在爆震管内设置合适的强化燃烧装置来增加流场紊流度，可以加快火焰传播速度。强化燃烧装置包括多孔板、扰流器或采用交叉射流冲击混合等。设计时常采用环形扰流装置，堵塞比一般取 40%~45%，扰流片间距 ΔL 一般选择为 $5(D-d)$，D、d 分别为扰流片的内外径。

均匀的可爆混合气是成功产生爆震波的前提，而点火器前后混合气的质量对于成功点火和火焰的快速传播也起到关键性的作用。由于安装在点火器前后的环形扰流装置不能使点火器附近的油气掺混足够理想，因此需要设计强化油气混合的掺混装置。一般通过在爆震管内安装合适的钝体来促进均匀可爆混合油气形成。

4. 点火控制组件设计

如图 3-6 所示，点火系统由点火器和高能无触点点火系统组成，起爆能量和起爆频率由高能无触点点火系统提供和控制，点火频率可在 5~80Hz 范围内变化，点火能量为

0.5J，随着频率的升高，点火能量会有少量降低。点火控制盘用螺钉固定在旋转阀体上随其同轴转动，点火控制盘的一个缺口处标有刻度，相邻两个刻度间的角度为2°，当点火控制盘上的缺口旋转到光电传感器位置时，光电传感器发出点火信号，控制系统接到点火信号后，向点火器发出点火指令，点火器点火。

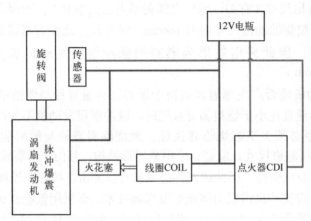

图 3-6　点火原理示意

理想点火是在旋转阀体刚好完全关闭爆震管时点火成功并形成自持火焰，但实际情况是，从点火信号发出到成功完成一次点火总是需要一段时间（$t_{延迟}$）。因此为了能在爆震管刚好关闭的那一刻成功点火，通常都需要提前向点火器发出点火信号。旋转阀体从点火信号发出到爆震管刚好关闭时所转过的角度称为点火提前角，该角度通常通过调节点火控制盘缺口与旋转阀本体之间的相对位置来设定。点火提前角与爆震发动机频率有关，计算公式为

$$\theta_{提前} = 180 \cdot t_{延迟} / t_{循环} \tag{3.101}$$

5. 燃油系统设计

爆震发动机一般结合气阀组件设计燃油自适应喷射装置，即采用气阀组件外连续供油的方式，在气阀的开闭控制下自动进行燃油喷射和停止。采用连续供油的方式时，爆震室燃油的供应完全由爆震管内的爆震燃烧情况决定，控制系统接到点火信号后，点火器点火，经DDT过程后，产生爆震波，在爆震波的作用下，气阀从开启变为关闭，继而在喷油偶件的作用下关闭喷油嘴，停止喷油。燃油流量控制根据旋转阀体充气时间以及爆震管容积确定。形成恰当的油气比的可燃混合气所需的新鲜空气质量流量为

$$m_{空气} = \rho_{空气} v_{充气} A \tag{3.102}$$

燃料的质量流量为

$$m_{燃料} = 0.067 \rho_{空气} v_{充气} A \tag{3.103}$$

式中：A 为环扇形爆震管的截面面积。

3.4　动力装置辅助系统设计

动力装置辅助系统是指为发动机起动和运行提供所需的电源、燃油、润滑及冷却

的设备，主要包括电源模块、点火装置、燃油系统、滑油系统、冷却系统等。点火系统的作用是根据发动机的工作状态和工作原理，在合适的时间使火花塞点火，从而保障发动机持续做功。燃油系统主要作用是存储、过滤燃油，同时按照一定的流量、压力和时机给发动机供油。润滑和冷却系统主要负责将润滑液、冷却介质按照一定的流量和温度输送到发动机各转动和润滑部位，保障发动机得到良好的润滑和冷却，其中冷却功能主要通过油箱的散热实现。典型的发动机辅助系统如图 3-7 所示。

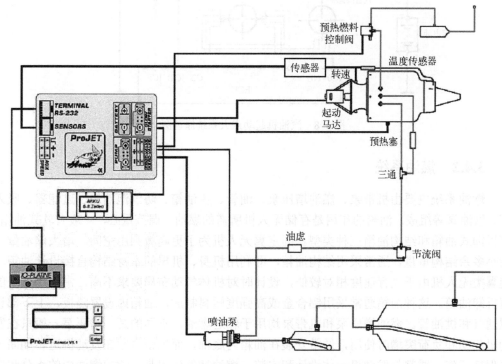

图 3-7　典型涡喷发动机辅助系统组成示意

3.4.1　点火系统

如图 3-8 所示，点火系统由蓄电池、点火线圈、分电器、火花塞、点火开关和控制电路组成。其工作原理为：发动机起动时，首先打开点火开关，发动机在起动电机的驱动下转动，点火飞轮在转子驱动下旋转，其上安装的磁性触点与点火传感器通过感应不断打开、闭合。当点火器触点闭合时，蓄电池的电流通过点火开关、点火线圈的初级绕组、断路器触头、分电器外壳形成回路。当点火器触点断开时，回路被切断，点火线圈初级绕组电流迅速下降到零，同时线圈和铁芯周围的磁场也迅速衰减，于是在点火线圈次级绕组中产生感应电压，当感应电压达到火花塞点火的峰值时(约 15000~30000V)，火花塞开始点火，继而点燃发动机缸内混合油气，使发动机起动工作。由于点火飞轮和外壳的感应开关是根据发动机点火顺序设计的，因此各缸能按照发火顺序依次循环持续做功，从而使发动机持续运转。

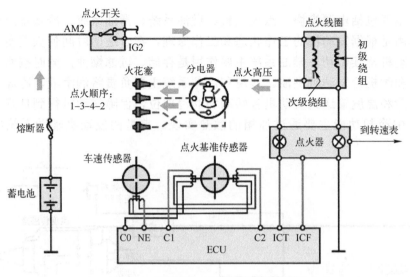

图 3-8 汽油机起动点火系统原理图

3.4.2 燃油系统

燃油系统主要由机带泵、燃油增压泵、油管、主油箱、防气泡油箱、过滤器、吸入阀、供油阀等组成。油箱的作用是存储无人机所需的燃油，调节重心，一般有软式油箱、可拆卸式油箱和结构油箱三种类型。固定翼无人机为了更高效利用空间、增大储油量、减小多余结构重量，通常采用结构油箱，即利用机身、机翼的本身结构直接设计油箱。旋翼类无人机由于飞行速度相对较低，设计时对机体气动布局要求不高，常采用外挂的可拆卸油箱。这种油箱通常采用铝合金或高强度塑料制成，油箱内设置隔板，上下部设置通气和供油管。燃油增压泵和机带泵均用于输送燃油，不同的是，增压泵一般只在发动机起动和负荷突增时使用，通常安装在油箱内底部，而机带泵则在发动机运转期间一直保持工作，通常与发动机一体设计和安装。燃油滤的作用是过滤掉燃油中的水分和杂质，防止发动机喷油器和喷嘴堵塞，一般安装在系统的最低点或油路上。简单的发动机燃油系统结构组成见图 3-9。

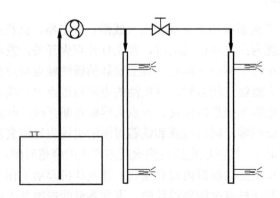

图 3-9 燃气涡轮发动机燃油系统图

3.4.3 润滑、冷却系统

对于大部分航空发动机来说，为了减轻重量、简化结构，通常将润滑和冷却系统进行一体设计，并采用空气冷却和滑油循环来实现。系统组成包括滑油箱、油管、滤器、滑油泵等，各部件作用和工作原理与燃油系统基本类似。滑油系统有开式和闭式两种类型，一些微型涡喷发动机为了简化设计、节约重量，常采用与燃油系统一体设计的开式润滑系统。其缺点是润滑冷却效果不佳，耗油量大。对于要求大负荷、长时间稳定工作的动力装置，一般都采用闭式滑油系统。如图 3-10 所示，系统通过供油泵将滑油输送至发动机各润滑和冷却部位，再通过回油泵将工作完的滑油抽回油箱。这种滑油系统润滑冷却效果好，经济省油，目前为大多数微小型燃气涡轮发动机所采用。

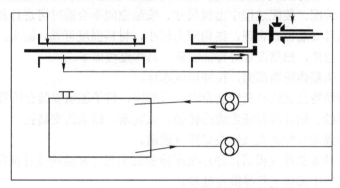

图 3-10 燃气涡轮发动机滑油系统图

旋翼类无人机大多要求具备高工况、大扭矩、长航时、低油耗的性能特点，因此常使用活塞式发动机作为动力装置。该类发动机润滑和冷却系统一般分开进行设计，采用滑油润滑、淡水冷却。其中滑油系统负责将润滑液输送至发动机各润滑部位，并以循环的方式为各转动、滑动部位提供润滑。冷却系统负责将淡水输送至发动机高温部位，并以循环的方式将热量带走，淡水在水箱与空气的对流换热作用下散热降温，从而实现冷却功能。

3.5 动力装置结构设计建模

本节在前述动力装置设计计算的基础上，介绍如何使用 PRO/E 软件建立发动机三维模型，为后续零部件结构设计优化、仿真及制造奠定基础。

3.5.1 四冲程汽油发动机建模

四冲程汽油发动机主要由活塞、缸套、缸头、转子、进排气管、气阀凸轮机构以及传动部件组成，这类发动机设计建模主要难点集中在结构复杂部件以及零部件繁多的组件上。

1. 缸头建模

缸头是四冲程汽油发动机最核心的结构件之一，主要用于连接和固定气阀、凸轮轴、传动机构、火花塞、进排气管以及缸套等部件。同时缸头又与活塞、缸套共同组成燃烧室组件，在发动机运行中承受着周期性交变载荷的作用，因此应力环境复杂，结构强度要求高。为了确保缸头结构达到设计性能要求，且在设计环境和频繁冲击作用下能够长时间稳定工作，设计人员在进行结构建模时主要注意以下几点：一是凸轮轴、气阀机构布置合理，进排气热应力较小，转动部件能够得到较好的润滑，气阀开关时冲击应力对结构影响小；二是凸轮轴和发动机转子传动结构合理，方便拆卸安装；三是缸套与缸头紧固连接方式可靠，燃烧室密封良好，热应力较小；四是缸头上装配的各零部件连接方式合理，工作时不会相互干扰。

根据上述要求，使用 PRO/E 软件进行缸头组件三维建模时，首先应根据设计计算结果绘制缸头的各零部件安装关系草图，再按照草图创建缸头模型，待其他零部件创建完毕后再进行整体装配。装配过程中出现尺寸、安装空间不合适时可进行相应调整，以确保缸头组件各部件安装位置合理，结构应力较小，材料强度可靠。缸头三维模型主要通过草绘、剪切、拉伸、扫描混合等特征创建，具体过程如下：

（1）草绘缸头整体轮廓截面，拉伸形成本体。
（2）通过剪切特征创建缸套安装台阶、气阀座、转子轴承安装台阶等。
（3）通过草绘、钻孔等特征生成凸轮轴、火花塞、轴承的安装孔。
（4）通过扫描混合特征生成缸头进排气通道。
（5）完成其他零部件建模后，通过装配检验缸头尺寸和结构设计情况，调整部分尺寸，对结构应力集中部位进行导圆角处理。

完成创建的缸头三维模型如图 3-11、图 3-12 所示。

图 3-11　缸头模型内侧　　　　　　　图 3-12　缸头模型外侧

2. 活塞、转子建模

活塞、转子是活塞式发动机的主要运动部件。在发动机运行时，这些零件由于要承受周期性往复冲击、旋转摩擦和热应力作用，因此在传热性能、材质重量、配合间隙和加工工艺方面比其他零部件要求更高。为了使这些零件达到相应的要求，通常设计上有以下考虑：一是造型上采用薄壁强背结构，并尽可能减少重量；二是采用热传导效率高的材质制造，结构突变部位尽可能使用圆角过渡，减少应力集中；三是尽可能采用轴对称结构设计，以提高零件抗冲击和抗疲劳能力；四是相互接触摩擦的零件，在相对运动部位合理设置润滑油路，同时控制和预留装配间隙。

根据以上要求，在进行三维建模时，通常按照以下步骤进行。

（1）根据设计计算公式确定发动机活塞行程、直径、转子长度等参数。
（2）根据发动机结构组成和工作原理绘制各运动件的总体装配简图。
（3）使用草绘、旋转、剪切等特征创建各零部件三维模型。
（4）最后进行零部件装配，并根据装配效果适当调整发动机相关零件尺寸及结构形式。完成创建的活塞、转子三维模型如图 3-13、图 3-14 所示。

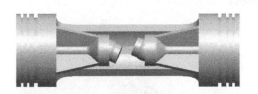
图 3-13　发动机活塞模型

图 3-14　发动机斜盘转子模型

3.5.2　燃气涡轮发动机建模

燃气涡轮发动机主要由涡轮、压气机叶轮、导向器、扩压器、燃烧室、机闸、进排气壳等部件组成，这类发动机设计建模主要难点在于涡轮叶型绘制和零部件曲面造型等方面。

1．涡轮建模

涡轮叶片由于工作环境特殊其截面造型与机翼、螺旋桨有很大区别，主要特点是叶身截面扭转角度较大，根部叶型弯曲度大、热应力和热变形影响较大，因此在设计建模时要重点关注叶片进出口角计算、结构强度和变形余量设计。使用 PRO/E 软件进行涡轮三维建模时，首先通过旋转特征创建轮盘，再通过截面草绘、投影、边界混合、阵列等特征建立叶片实体，如图 3-15、图 3-16 所示。具体过程如下：

（1）根据叶型坐标数据创建叶片截面草绘。
（2）使用旋转和拉伸建立轮盘和叶尖的圆柱面。
（3）通过缩放和旋转角度复制生成叶根和叶尖截面曲线，通过投影在叶根和叶尖圆周上建立投影截面曲线。
（4）使用边界混合建立单个叶片，完成后再进行实体化，最后采用阵列生成整个涡轮模型。

图 3-15　单个叶片建模

图 3-16　涡轮叶片整体模型

2. 离心式压气机叶轮建模

离心式压气机叶轮主要通过平行混合、剪切和阵列特征建模,如图 3-17、图 3-18 所示。具体过程如下：

（1）采用旋转特征建立轮毂。

（2）采用平行混合特征建立扭转叶片。

（3）采用旋转切割特征形成叶片外缘形状。

 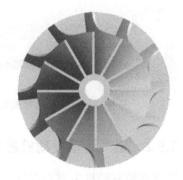

图 3-17　生成单个叶片　　　　　　　　图 3-18　离心叶轮整体模型

3. 导向器、扩压器建模

涡轮导向器和扩压器的建模与其相配套的涡轮、离心叶轮基本相同。其中导向器建模步骤如下：

（1）根据叶型坐标数据创建导向器叶片截面草绘。

（2）使用旋转和拉伸建立轮盘和叶尖的圆柱面。

（3）通过投影在叶根和叶尖圆周上建立投影截面曲线。

（4）使用边界混合建立单个导向器叶片，然后使用实体化、阵列特征生成整个导向器模型。

扩压器建模步骤如下：

（1）采用草绘、旋转特征建立扩压器圆盘实体。

（2）采用草绘、拉伸、剪切特征生成扩压器导叶。

（3）采用阵列特征生成扩压器整体模型。

完成创建的导向器、扩压器三维模型如图 3-19、图 3-20 所示。

图 3-19　涡轮导向器模型　　　　　　　图 3-20　扩压器模型

4. 壳体类部件建模

发动机除叶轮等轴对称旋转部件外，还有大量钣金、壳体部件。为了控制发动机重量、同时考虑其热应力和结构强度影响，壳体部件一般采用薄壁强背结构设计。典型的壳体结构有燃烧室、进排气壳、机闸、发动机罩壳等。使用 PRO/E 软件进行壳体类零件建模时，主要采用草绘截面、旋转、边界混合、加厚等特征创建。完成创建的壳体类零部件三维模型如图 3-21～图 3-24 所示。

图 3-21　燃烧室模型

图 3-22　涡扇发动机承力机闸模型

图 3-23　涡轴发动机罩壳模型

图 3-24　发动机尾喷管模型

3.5.3　管件类零件建模

发动机管件类零件主要是指保障发动机工质进出的一些部件，包括进排气管、燃油管、滑油管、淡水管等。这些零件主要结构特点有：一是零件结构尺寸由发动机热负荷性能指标决定，且大部分通过螺纹等紧固件固定安装在发动机上；二是零件结构形式不规则，通常在发动机装配完成后根据实际尺寸进行设计和加工；三是零件采用薄壁管材加工，重量轻、耐腐蚀、抗冲击性能要求高。根据这些特点，在设计建模时通常按照以下步骤进行：

（1）完成发动机设计计算和主要零部件建模、装配。

（2）通过在装配图上实际测量，确定管件整体尺寸。

（3）根据设计计算数据和实际测量尺寸，采用扫描混合特征创建零件实体模型。

完成建模的发动机排气管三维模型如图 3-25、图 3-26 所示。

3.5.4　组件类部件建模

由于发动机技术在各领域的广泛应用，相关的标准件和配套成品也越来越多，这些零部件包括轴承、螺母、起动电机、油箱、油管、阀门、化油器、联轴节、舵机等。为了检验发动机装配效果，同时便于后续零部件生产，在发动机结构建模时要按照配套产品的尺寸进行绘制，具体步骤在此不详细介绍。部分成品三维模型如图 3-27～图 3-32 所示。

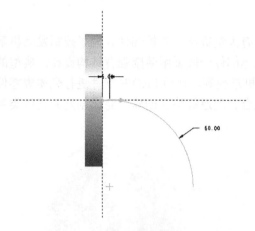
图 3-25 可转喷管扫描混合过程

图 3-26 可转喷管模型

图 3-27 轴承模型

图 3-28 机带齿轮泵模型

图 3-29 起动电机模型

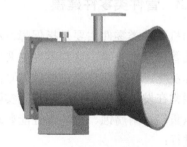
图 3-30 化油器模型

图 3-31 万象联轴节模型

图 3-32 舵机模型

第 4 章　新型舰载无人机总体结构设计

根据世界先进无人机主要研究成果，目前可实现工程应用的新型无人机的发展方向主要包括新能源驱动、新材料制造、垂直起降、可变翼、自主控制、长航时、多用途、超声速、隐身等领域。而作为舰载无人机，由于受水面舰船平台的限制，其发展方向主要集中于垂直起降、可变翼、自主控制、多用途、超声速、隐身等方面。在设计方面主要有以下特点：一是具备在水面舰艇平台垂直起降或弹射阻拦降落等功能；二是起落架结构强度高，抗冲击和大载荷拖拽性能好；三是机翼面积和升力大、加减速性能好；四是无人机最低失速速度足够小、低速操纵性能强。

本章瞄准新型舰载无人机发展主要方向，从水面舰船作战应用需求出发，重点论述四种新型舰载无人机及其发动机的结构设计。

4.1　固定翼垂直起降无人机总体结构设计

4.1.1　研究背景

固定翼垂直起降飞行器由于其结构设计特点，具备前飞速度快、航程远、航时长等显著优势，同时又能够定点起降和悬停，因此一直以来都受到各方关注。近年来，随着无人机在军事领域的用途越来越广泛，垂直起降无人机技术也得到快速发展。目前按照总体结构及动力形式的不同，固定翼垂直起降无人机主要包括升推复合式及倾转动力式等类型。

升推复合式固定翼垂直起降无人机是指在固定翼的基础上加装旋翼或升力螺旋桨的一种无人机，代表机型有 Rheinmetall Airborne Systems 公司与 Swiss UAV 公司于 2016 年联合研制的 TU-150 战术多用途无人机、美国波音公司于 2003 年研制的 X-50A "蜻蜓"概念验证机。该类型无人机缺点是在悬停、过渡、前飞阶段，旋翼的尾流与机身、平尾、鸭翼等产生较为复杂的气动干扰，对无人机的动力学特性及控制产生不利影响。

倾转动力式固定翼垂直起降无人机是指在垂直起降和平飞过程中按需求对动力部件进行向上或向前倾转的无人机。代表机型包括美国"鹰眼"无人机、V-247 无人机、以色列 2012 年研制的"黑豹"无人机和韩国 2017 年研制的 TR-60 无人机。该类型无人机缺点是受旋翼/机翼气动干扰以及旋翼多模态综合效能问题影响，无人机飞行稳定性难以保障。

针对以上问题，本书提出一种新型固定翼垂直起降无人机，使之兼具旋翼无人机和固定翼无人机的优势性能，同时尽可能地减小无人机在悬停、过渡阶段受自身缺陷的影响。

4.1.2 无人机总体结构设计

固定翼垂直起降无人机由机头，旋翼，鸭翼，机翼，机身盖，尾翼，机身，结构加强板，油箱，进气道，轴承座，控制舵机，发动机，旋翼倾转装置，前后起落架、起落架舱门组成，如图 4-1、图 4-2 所示。

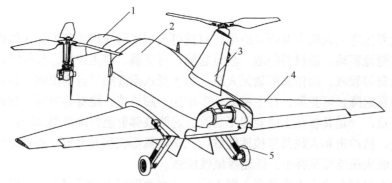

1—机头；2—机身；3—尾翼；4—机翼；5—起落架

图 4-1 无人机外形结构图

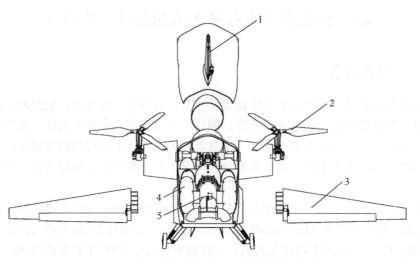

1—机身盖；2—旋翼；3—机翼；4—油箱；5—发动机

图 4-2 无人机分解图

如图 4-3 所示，机头安装在机身前端，机身上安装有机身盖，机身盖上设置有垂直尾翼。机身内设有结构加强板，结构加强板上固定有发动机、油箱、轴承座和进气道；机身两侧底部分别安装左右机翼。机身前部左右侧安装一对鸭翼，鸭翼可整体转动。如图 4-4 所示，旋翼倾转装置固定在机身前部的轴承座内，鸭翼安装在旋翼倾转装置的左右轴套上，并通过止推轴承与机身两侧连接，旋翼倾转装置通过伺服电机可控制左右轴套转动，从而控制旋翼轴在水平和垂直方向范围内倾转。由于鸭翼固定在轴套上，因此当旋翼轴倾转时，鸭翼也跟随转动；旋翼倾转装置左右端为旋翼总成，其上安装有螺距调节机构，用于调节旋翼的螺距。

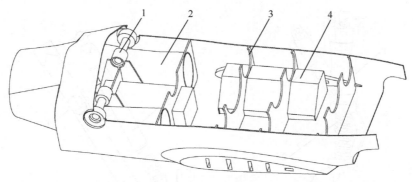

1—轴承座；2—进气道；3—结构加强板；4—起落架舱门

图 4-3　机身结构图

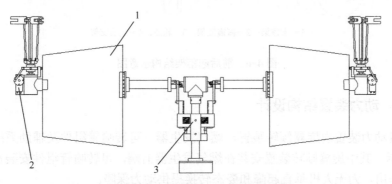

1—鸭翼；2—控制舵机；3—旋翼倾转装置

图 4-4　鸭翼及倾转控制机构安装图

如图 4-5 所示，机翼由翼身、副翼和舵机组成，机翼分别插接安装在机身中段的底部两侧，其下平面与机身下端基本平齐，副翼安装在翼身后缘，副翼两端伸出转轴插入翼身内，在控制舵机驱动下副翼可以上下摆动。前后起落架分别安装在机身底部的前后端，起落架设计成可收放式，无人机在完成起降后，起落架收起并置于起落架舱门内。如图 4-6 所示，起落架包括支撑架、减震支架、轮胎和收放支架，支撑架顶部与机身底部铰接，底部与减震支架连接，减震支架上安装有轮胎，收放支架安装在支撑架与机身之间。前起落架的支撑架顶部通过万向联轴节与舵机连接，舵机运转时前起落架可跟随转动，从而实现无人机地面滑行时转向功能。

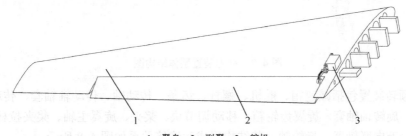

1—翼身；2—副翼；3—舵机

图 4-5　机翼结构示意图

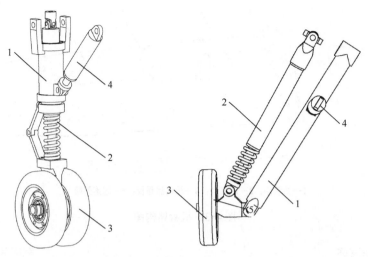

1—支撑架；2—减震支架；3—轮胎；4—收放支架

图 4-6　前后起落架结构示意图

4.1.3　动力装置结构设计

无人机动力装置由旋翼倾转装置、燃气发生器、可转喷管组件及辅助系统组成，如图 4-7 所示。其中旋翼倾转装置安装在燃气发生器前端，可转喷管组件安装在其后端，三者共同作用，为无人机垂直起降和姿态转换提供动力保障。

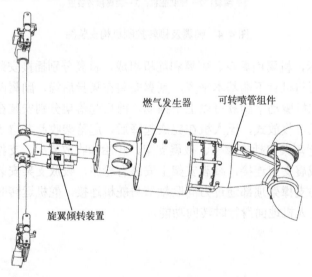

图 4-7　动力装置整体结构图

旋翼倾转装置包括减速箱、舵机、螺杆、齿条、传动轴、传动轴轴套、传动箱、旋翼传动轴、旋转轴轴套、旋翼齿轮箱、移动调节块、桨夹、旋翼主轴、桨夹拉杆、连杆、调距舵机、万向联轴器、齿轮轴。其结构组成和连接关系如图 4-8 所示。

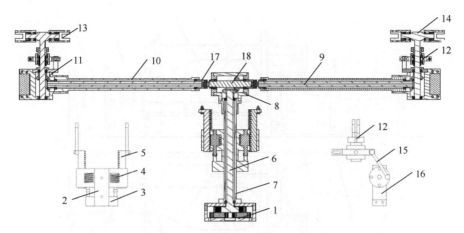

1—减速箱；2—倾转控制壳体；3—伺服电机；4—螺杆；5—齿条；6—传动轴；7—传动轴轴套；8—传动箱；
9—旋翼传动轴；10—旋转轴轴套；11—旋翼齿轮箱；12—移动调节块；13—桨夹；14—旋翼主轴；15—连杆；
16—调距舵机；17—万向联轴器；18—齿轮轴

图 4-8 旋翼倾转装置剖视图

减速箱安装在传动轴底部，传动轴外部设置有传动轴轴套，传动轴轴套上部设置有传动箱，齿轮轴贯穿传动箱，并通过传动箱与传动轴进行直角传动，齿轮轴的两端分别通过万向联轴器与旋翼传动轴连接，旋翼传动轴的外部设有旋转轴轴套，旋转轴轴套端部设置有旋翼组件。

旋翼组件包括旋翼齿轮箱、刚性调距机构和旋翼主轴，旋翼齿轮箱与旋转轴轴套连接，旋翼齿轮箱内安装有旋翼主轴，旋翼主轴与旋翼传动轴通过伞齿轮实现直角传动。旋翼主轴上部相对设置两个桨夹，桨夹上安装一对旋翼；刚性调距机构设置在旋翼齿轮箱上部，其结构组成包括调距舵机、移动调节块、连杆。调距舵机安装在旋翼齿轮箱上，移动调节块套设在旋翼主轴上，移动调节块与调距舵机以及桨夹之间通过连杆连接。

倾转控制机构安装在传动轴轴套上，由倾转控制壳体、伺服电机、螺杆、齿条和连杆组成，伺服电机与螺杆连接，螺杆与齿条相啮合，连杆的两端分别与齿条和旋翼传动轴上的旋转轴轴套连接。

如图 4-9、图 4-10 所示，燃气发生器结构组成包括进气壳、离心叶轮、扩压器、发动机外壳、燃烧室、点火器、一级涡轮导向器、一级涡轮叶片、二级涡轮导向器、二级涡轮叶片、高压轴、低压轴、轴套、轴承、连接螺母、燃油喷管、滑油管、叶轮锁紧螺母、加力燃油喷管。

进气壳安装在扩压器的前端上，扩压器安装在轴套前端，轴套的外部设置有燃烧室，燃烧室外部设置有发动机外壳，燃烧室出口端与发动机外壳后端固定连接。燃烧室壳体表面开设有若干小孔用于新鲜空气进入，燃烧室的前部和后部分别安装燃油喷管和加力燃油喷管。发动机外壳上设置有点火器，点火器顶端延伸至燃烧室内部的环形腔内，其上均设置有若干喷嘴。此外在连接加力燃油喷管的油路上安装有截止阀，用于控制油路的开启和关闭。

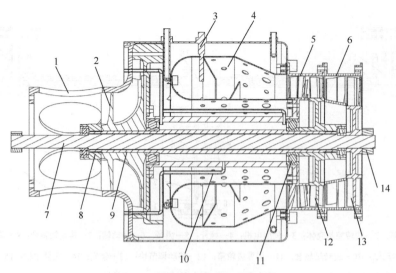

1—进气壳；2—离心叶轮；3—点火器；4—燃烧室；5——级涡轮导向器；6—二级涡轮导向器；7—低压轴；
8—连接螺母；9—高压轴；10—滑油管；11—轴承；12—一级涡轮叶片；13—二级涡轮叶片；14—叶轮锁紧螺母

图 4-9　燃气发生器剖视图

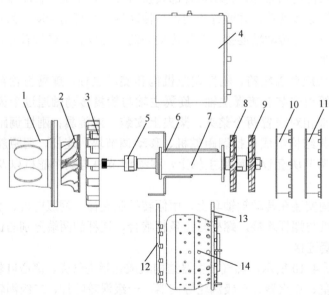

1—进气壳；2—离心叶轮；3—扩压器；4—发动机外壳；5—连接螺母；6—滑油管；7—轴套；8——级涡轮叶片；
9—二级涡轮叶片；10——级涡轮导向器；11—二级涡轮导向器；12—燃油喷管；13—加力燃油喷管；14—燃烧室

图 4-10　燃气发生器分解图

外转子包括中空的高压轴、离心叶轮、一级涡轮叶片。高压轴设置在轴套内部，并通过轴承与轴套两端连接。高压轴前端安装离心叶轮，后端穿过一级涡轮导向器与一级涡轮叶片连接，一级涡轮导向器前端与燃烧室出口端固定连接。

内转子包括低压轴、二级涡轮导向器和二级涡轮叶片。低压轴设置在高压轴内部，且通过轴承与高压轴的两端定位，低压轴后端穿过二级涡轮导向器与二级涡轮叶片连接，二级涡轮导向器与一级涡轮导向器后端固定连接。

如图 4-11 所示，可转喷管组件由尾喷管、通气管、可转喷口、薄壁轴承、控制连杆、喷管舵机组成。

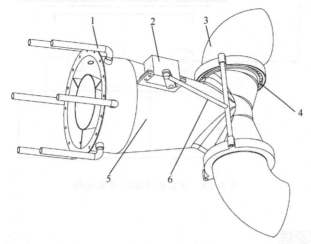

1—通气管；2—喷管舵机；3—可转喷口；4—薄壁轴承；5—尾喷管；6—控制连杆

图 4-11 可转喷管组件结构图

尾喷管前端与燃气发生器固定连接，尾喷管设计呈圆台结构，由外壁和内壁构成，中间为环形通道，尾喷管外壁上设置有若干通气管，通气管的入口穿过发动机外壳后端，并与加力燃油喷管的喷嘴端相连通，尾喷管的出口端上设置有与其转动连接的可转喷口，喷管舵机安装在尾喷管上，并通过控制连杆与可转喷口连接。

如图 4-12 所示，发动机燃油供给机构包括燃油箱、燃油管、燃油泵及燃油喷管，其中燃油箱通过燃油管与燃油泵进口连接，燃油泵出口通过燃油管与燃油喷管连接。如图 4-13 所示，发动机滑油润滑系统包括进滑油管、滑油箱、供油泵和回油泵，其中供油泵进油端与滑油箱连通，出油端通过滑油管与轴套及高压轴轴承连通。回油泵出油端与滑油箱连通，吸油端与轴套回油口连接，高压轴的两端对称开设有斜切孔，且在高压轴的中部开设有竖直孔，主要用于运转时促进高低压轴与轴套间滑油腔内滑油的循环。

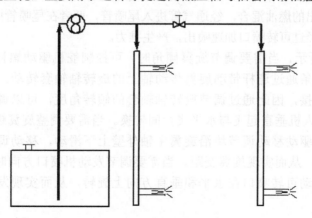

图 4-12 发动机燃油系统图

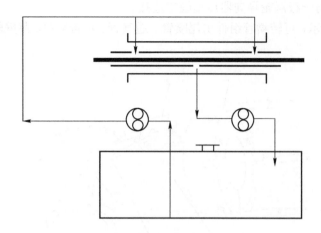

图 4-13 发动机滑油润滑系统图

4.1.4 工作原理

1. 发动机工作原理

发动机在运行时，空气从进气壳的椭圆形通孔进入，经离心叶轮压缩、扩压器扩压后进入发动机外壳和燃烧室之间，由于燃烧室外壁上开设有若干小孔，空气从小孔进入燃烧室的环形空间内，并与燃烧室前端安装的燃油喷管喷出的油雾混合，经点火器点燃后在燃烧室内进行燃烧；油气燃烧产生的高温燃气从燃烧室后部环形口排出，并进入一级涡轮导向器，燃气通过一级涡轮导向器后，推动一级涡轮叶片旋转做功，一级涡轮叶片通过高压轴带动离心叶轮旋转压缩空气，继而保证发动机持续工作；燃气推动一级涡轮叶片做功后，流向二级涡轮导向器，随后推动二级涡轮叶片旋转，二级涡轮叶片通过低压轴带动发动机前部连接的旋翼倾转装置做功。旋翼倾转装置主要部件为减速箱、传动轴、旋翼控制机构、螺旋桨等，其中螺旋桨负责产生推力推动无人机飞行；旋翼控制机构负责调节旋翼方向和螺距。

燃气流经二级涡轮叶片后，进入尾喷管，同时发动机外壳内的空气与燃烧室后端的加力燃油喷管喷出的燃油混合，经通气管进入尾喷管，两者在尾喷管中进一步燃烧形成混合燃气，最后经过可转喷口加速喷出，产生推力。

如图 4-14 所示，当需要调节旋翼倾角时，可控制舵机驱动螺杆运动，并带动齿条上下移动，齿条通过连杆带动旋翼传动轴上的旋转轴轴套转动。由于旋转轴轴套与旋翼齿轮箱连接，因此通过调节旋转轴轴套的倾转角度，可以调整旋翼的倾转角度，从而实现无人机垂直起飞与水平飞行间转换。当需要调整旋翼螺距时，可控制调距舵机通过连杆驱动移动调节块沿旋翼主轴外壁上下滑动，移动调节块通过两个连杆推拉桨夹转动，从而实现旋翼变距。当需要调节发动机喷口方向时，可操纵喷管舵机和控制连杆驱动可转喷口在水平和垂直方向上旋转，从而实现发动机推力方向的变换。

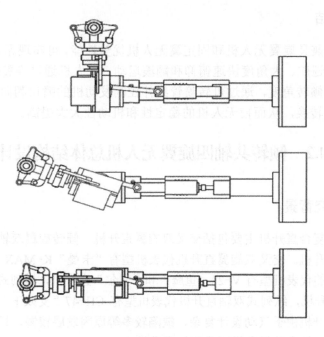

图 4-14 旋翼倾转装置动作过程

2. 无人机工作原理

无人机垂直起降、姿态转换及平衡控制主要由动力装置相关部件相互配合实现。其中燃气发生器负责提供动力，旋翼倾转装置负责调节无人机左右两侧旋翼的螺距和倾角，可转喷管组件负责调节发动机可转喷口的方向。调节无人机左右侧旋翼的螺距可以改变其升力的大小，从而实现无人机左右姿态的平衡控制。调节旋翼的倾角及发动机可转喷口的方向可以改变无人机前部升力以及尾部推力的方向，从而实现无人机从垂直起飞向正常飞行状态的转换以及前后姿态的平衡控制。

当无人机旋翼在倾转机构控制下呈水平方向，且发动机喷口朝下时，无人机在两侧旋翼升力和发动机推力共同作用下实现垂直起降或悬停。当无人机旋翼在倾转机构控制下呈竖直方向且发动机喷口向后倾转时，无人机从垂直起飞状态向正常飞行状态转换。

无人机在悬停状态下，轻微调节旋翼倾角或发动机可转喷口朝向可实现无人机短距离前后移动；轻微调节左右侧旋翼轴向不同的方向倾转时，还可以实现无人机原地转向。无人机在垂直起降或悬停期间，通常将旋翼螺距调节至较小值，以确保旋翼工作在额定转速下，升力效率最佳。同时由于旋翼类无人机在垂直降落时容易受涡环影响发生事故，因此通常无人机以垂直起降姿态起飞、以短距起降姿态降落。

无人机在正常飞行状态时，其姿态调整主要通过转动机翼的副翼来实现，此时通常将旋翼螺距调节至最大值，以防止高速飞行时翼尖失速。紧急情况下无人机如需进行短时机动，也可通过改变旋翼轴倾角和发动机喷口方向实现。

4.1.5 总结

该型无人机兼具旋翼无人机和固定翼无人机优势性能，可实现无人机悬停、回转、垂直起降、高速巡航、大角度快速俯仰和翻滚运动。无人机通过旋翼倾转装置控制旋翼螺距及旋翼的倾转角度，通过可转喷管组件控制发动机的喷口朝向，两者共同作用实现无人机姿势转换，从而使无人机的稳定性和机动性大大提高。

4.2 倾转共轴四旋翼无人机总体结构设计

4.2.1 研究背景

现有的两轴复合直升机主要包括交叉双旋翼直升机、倾转旋翼双轴直升机、横列式和纵列式双轴直升机。交叉双旋翼直升机代表机型有"卡曼"K-MAX 型直升机，倾转旋翼双轴直升机的代表机型有 V-22 "鱼鹰"和"贝尔"直升机，横列式双轴直升机代表机型有米-12 直升机，纵列式双轴直升机代表机型有 CH-47 "支奴干"直升机。横列式和交叉双旋翼直升机由于气动设计复杂、缺陷较多等原因发展较慢，目前应用较广泛的主要是倾转旋翼双轴直升机和纵列式双轴直升机。

随着无人机技术的发展应用，近年来纵列式双旋翼无人机技术发展应用迅速，比较典型的机型包括 MK400、S100、ZC300 等无人机。目前已经较广泛应用在农业植保作业、地质勘察、大型平台巡检、物资运输、消防救援等领域。双旋翼无人机主要采用汽油机作为动力，皮带传动、旋翼头调距、飞控自动导航等技术。应用中，这些无人机具有航时长、飞行稳定、载重量大、省油等优势，但从发展的角度看还存在一些不足的地方。一是不论是纵列式还是横列式双旋翼无人机，为了减小其横向或纵向尺寸，通常采取两旋翼交叉重叠布置，而由于旋翼之间的空间重叠，无人机运行中旋翼气流相互影响，不利于无人机的稳定控制。二是采用旋翼头倾斜盘控制旋翼周期调距，对于旋翼头的材料强度和控制系统组件的受力要求较高，相关部件的工作寿命受到限制。三是纵列式无人机前后旋翼轴距较大，左右转向不够灵敏可靠，机身气动力矩不稳定，偏航操纵效率较低。

为解决双旋翼无人机存在的上述问题，本书提出一种倾转共轴四旋翼无人机方案，主要在发动机选择、机架结构设计、正反转旋翼头总距调节以及旋翼倾转控制等方面进行了改进。

4.2.2 无人机总体结构设计

倾转共轴四旋翼无人机由正反转旋翼头、正反转旋翼、桨距调节舵机、桨距控制组件、直角传动箱、正反转传动齿轮、可转轴套、旋翼倾转组件、传动轴、中间传动轴、皮带轮、皮带张紧组件、传动皮带、机架、发动机、固定吊码、燃油箱、油箱固定座、冷却水箱、滑油箱、起动控制箱、飞行控制箱组成。如图 4-15～图 4-18 所示。

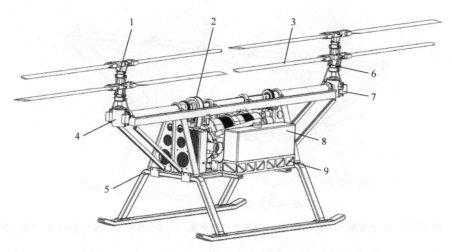

1—正反转旋翼头；2—皮带轮；3—正反转旋翼；4—直角传动箱；5—机架；6—桨距控制组件；7—桨距调节舵机；
8—燃油箱；9—油箱固定座

图 4-15　无人机总体结构图

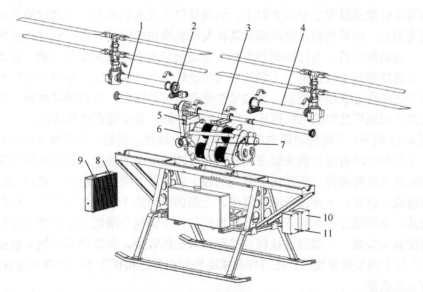

1—可转轴套；2—旋翼倾转组件；3—中间传动轴；4—传动轴；5—皮带张紧组件；6—传动皮带；7—发动机；
8—冷却水箱；9—滑油箱；10—起动控制箱；11—飞行控制箱

图 4-16　无人机分解图

如图 4-17 所示，机架由轴承盖、承力横梁、端面支架、中间支架、斜支撑杆、脚架和连接件组成。其结构根据发动机外形设计，整体呈等腰三角体形状，有利于无人机的整体气动布局。机架上部为承力横梁，轴承盖安装在承力横梁上用于固定轴承及转动部件。机架中部为端面支架和中间支架，端面支架上端通过螺栓固定在承力横梁上，下端通过连接件与中间支架固定安装，端面支架底端与承力横梁两端还通过斜支撑杆加固。机架下部为脚架，脚架通过连接件固定在端面支架底部。

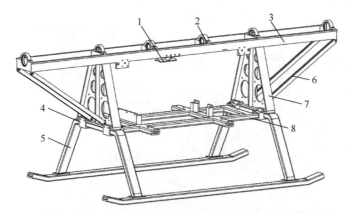

1—固定吊码；2—轴承盖；3—承力横梁；4—连接件；5—脚架；6—斜支撑杆；7—端面支架；8—中间支架

图4-17 机架结构图

燃油箱、冷却水箱、滑油箱、起动控制箱、飞行控制箱、发动机安装在机架的中间支架上，其中发动机横向安装，发动机的上部中段通过固定吊码安装在承力横梁下，底部前后两端通过螺栓固定于中间支架上。燃油箱位于发动机两侧，并通过油箱固定座固定于中间支架上，冷却水箱及滑油箱安装在发动机输出端附近，底部通过螺栓固定于中间支架上，起动控制箱、飞行控制箱安装在发动机自由端的端面支架内侧。发动机通过皮带轮、传动皮带与安装在机架上端的中间传动轴、传动轴连接。中间传动轴两侧为传动轴，两者之间通过联轴节连接。传动轴外部套有可转轴套，可转轴套内侧一端安装蜗轮，并与其下部蜗杆及伺服电机相连，可转轴套外侧一端安装直角传动箱。

如图4-18所示，直角传动箱内部上下端为正反转传动齿轮，分别与传动轴末端的齿轮啮合，正反转传动齿轮分别安装在相应的正反转旋翼头的轴上、正反转旋翼头顶端两侧安装相应的正反转旋翼。正反转旋翼头的轴上套装了桨距控制组件，桨距控制组件由上部调节滑块、拉杆、下部调节滑块组成。上部调节滑块上端通过拉杆与上层的正反转旋翼头铰接，下端通过拉杆与下部调节滑块铰接，下部调节滑块上端还通过拉杆与下层的正反转旋翼头铰接，下端通过拉杆与桨距调节舵机铰接。桨距调节舵机安装在直角传动箱两侧，用于调节旋翼桨距，在拉杆和桨距控制组件连接作用下，旋翼角度发生偏转，桨距相应发生改变。

如图4-19所示，旋翼倾转组件由蜗轮、蜗杆、伺服电机组成。其中蜗杆、伺服电机安装在机架的承力横梁上，蜗轮安装在可转轴套一端。蜗杆与蜗轮通过齿面配合安装，蜗杆又通过齿轮与伺服电机啮合传动。当操纵机架上安装的伺服电机转动时，伺服电机通过齿轮带动蜗杆、蜗轮转动，进而使可转轴套相应转动，最终使直角传动箱、正反转旋翼头发生倾转，从而改变正反转旋翼的升力方向。

如图4-20所示，皮带张紧组件由驱动电机、丝杆、滑块、张紧轮、张紧支架组成。其中驱动电机侧面通过螺栓固定在张紧支架内部，驱动电机轴与丝杆固定连接，丝杆与滑块通过内外螺纹配合连接，滑块底部及侧面通过间隙配合安装在张紧支架内，可左右滑动，其外侧一端与张紧轮通过轴承连接。

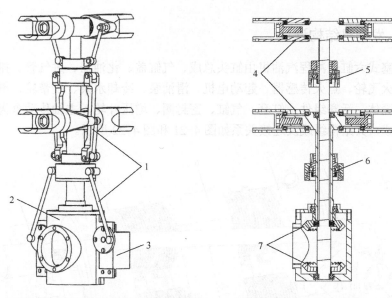

1—拉杆；2—直角传动箱；3—桨距调节舵机；4—正反转旋翼头；5—上部调节滑块；6—下部调节滑块；7—正反转传动齿轮

图 4-18　旋翼相关部件结构组成及剖视图

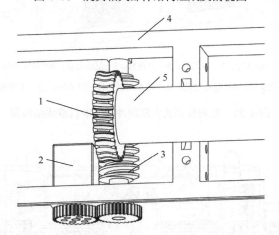

1—蜗轮；2—伺服电机；3—蜗杆；4—承力横梁；5—可转轴套

图 4-19　旋翼倾转组件结构图

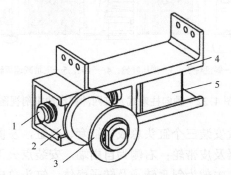

1—丝杆；2—滑块；3—张紧轮；4—张紧支架；5—驱动电机

图 4-20　皮带张紧组件结构图

4.2.3 发动机结构设计

轴向柱塞式六缸四冲程汽油机由缸头总成、气缸盖、化油器、进气管、排气管、飞轮外壳、点火飞轮、点火传感器、起动电机、滑油泵、冷却水泵、皮带轮、斜盘转子、轴承、转子壳体、活塞组件、缸套、气缸、密封圈、增压叶轮、主轴传动伞齿、主轴减速齿轮等组成，其结构组成及连接关系如图4-21和图4-22所示。

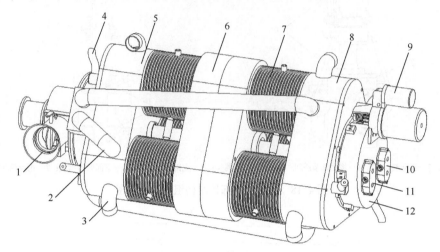

1—化油器；2—进气管；3—排气管；4—火花塞；5—缸头总成；6—转子壳体；7—气缸；
8—气缸盖；9—起动电机；10—冷却水泵；11—滑油泵；12—飞轮外壳

图4-21 轴向柱塞式六缸四冲程汽油机整体结构图

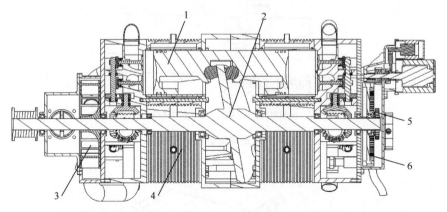

1—活塞组件；2—斜盘转子；3—增压叶轮；4—气缸；5—主轴减速齿轮；6—点火飞轮

图4-22 轴向柱塞式六缸四冲程汽油机剖视图

发动机两端分别对置安装三个缸头总成、缸套、气缸，左侧为输出端，安装了增压壳体、增压叶轮、化油器及皮带轮；右侧为自由端，安装点火飞轮、飞轮外壳、起动电机、滑油泵和冷却水泵。中部为斜盘转子及转子壳体。缸头总成由缸头、凸轮轴、凸轮轴减速齿轮、减速轴、进排气阀、弹簧、气阀顶盖、火花塞组成。如图4-23和图4-25

所示，缸头外形类似等边三角形，其一端以中心轴为对称轴均匀安装三个缸套、气缸，中心通过轴承与斜盘转子轴系定位安装；另一侧均匀安装三套进排气阀、弹簧、气阀顶盖、凸轮轴、火花塞。凸轮轴一端通过凸轮轴减速齿轮与减速轴啮合连接，传动比为1∶2，减速轴通过伞齿轮与主轴传动伞齿啮合，传动比为1∶1。

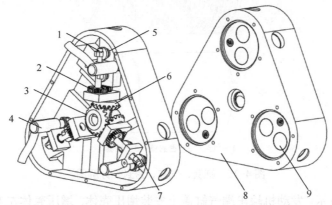

1—凸轮轴；2—凸轮轴减速齿轮；3—主轴传动伞齿；4—火花塞；5—弹簧；
6—减速轴；7—气阀顶盖；8—缸头；9—进排气阀

图 4-23　缸头总成结构组成图

斜盘转子通过轴承安装定位在转子壳体内，缸套及气缸安装在转子壳体两端，斜盘转子两侧分别水平对置三个活塞组件，活塞组件由活塞、活塞环、刮油环、斜盘滑块等组成。如图 4-24 所示，活塞组件两端为活塞、活塞环、刮油环，两者伸入缸套内并与其内表面滑动接触。活塞内部为空心加强肋结构，活塞组件中部加强肋上安装一对斜盘滑块，滑块与斜盘转子的斜盘滑动接触并定位，发动机运行时活塞组件在缸套内进行往复运动，并通过斜盘滑块驱动斜盘转子转动。气缸位于缸套外围，缸套长度略大于气缸，伸出的部分两端嵌入转子壳体、缸头内，并通过螺栓固定。气缸与缸套之间为冷却水流通空间，两者之间通过密封圈密封。由于发动机气缸独立安装，同侧的 3 个气缸之间设置了连通管，以确保各缸的冷却水相互连通均匀散热。缸套、气缸及密封件连接关系如图 4-25 所示。

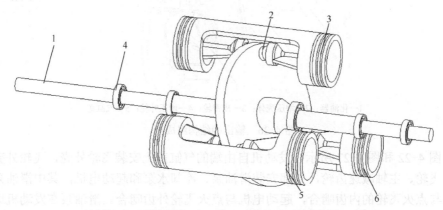

1—斜盘转子；2—斜盘滑块；3—活塞；4—轴承；5—刮油环；6—活塞环

图 4-24　活塞组件、斜盘转子组成及安装图

77

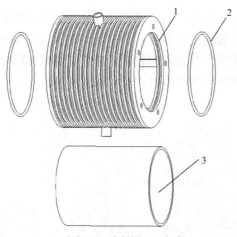

1—气缸；2—密封圈；3—缸套

图 4-25　缸套、气缸、密封件分解图

如图 4-26 所示，发动机输出端气缸盖上安装增压壳体，增压壳体左右两侧安装化油器，内部安装有增压叶轮，增压叶轮中心固定在斜盘转子上。输出端气缸盖周向均匀开有三对进气管接头，发动机进气管分别对应连接在其上。发动机运行时，外界空气通过化油器进入增压壳体内，经过增压叶轮旋转增压，并通过输出端气缸盖上安装的 6 根进气管进入发动机相应的缸头和缸套内。化油器下端通过燃油管与油箱连接，燃油在进气流的引射作用下与新鲜空气混合并从进气管进入燃烧室，发动机起动时这些混合油气在活塞组件的压缩和火花塞的点火下燃烧做功，并维持发动机持续运行。

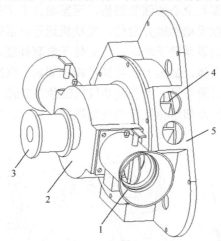

1—化油器；2—增压壳体；3—皮带轮；4—增压叶轮；5—气缸盖

图 4-26　输出端结构组成图

如图 4-22 和图 4-27 所示，发动机自由端的气缸盖上安装飞轮外壳，飞轮外壳内部有点火飞轮、主轴减速齿轮，外部安装滑油泵、冷却水泵和起动电机，其中滑油泵、冷却水泵与点火飞轮的内齿啮合，起动电机与点火飞轮外齿啮合。滑油泵在发动机运行期间用于给发动机滑动、转动部位提供冷却和润滑作用。该泵从转子壳体内吸油，然后输送到缸头及转子壳体内，用于润滑凸轮轴、齿轮、进排气阀、活塞组件、斜盘转子、轴承等运动部件，冷却水泵则用于给 6 个缸套及缸头冷却。点火飞轮通过行星传动齿轮组与斜盘转子上主轴减速齿轮啮合，传动比为 1：6，点火飞轮上安装 3 个间隔 120°的磁性块，飞轮外壳上安装 6 个点火传感器，安装位置相互间隔 60°，点火传感器与起动点火系统相连，并按顺时针顺序依次连接第 1、5、3、4、2、6 缸的火花塞，用于定时点火。

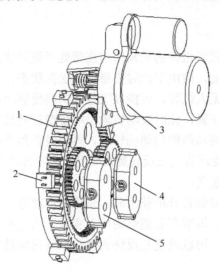

1—点火飞轮；2—点火传感器；3—起动电机；4—冷却水泵；5—滑油泵

图 4-27　自由端内部结构组成图

由于发动机采用左右对置三缸布置，按照各缸发火均匀且间隔相同的原则，每缸发火间隔角应为 120°。设计发动机从自由端看为顺时针旋转，自由端各缸顺时针编号为 1、2、3，输出端各缸依次为 4、5、6。则按照两端依次间隔 120°发火原则，发火顺序为 1、5、3、4、2、6。为保证各缸发火按照正确的时刻进行，各缸间隔角以第 1 缸为基准，第一缸活塞在缸套上止点位置时，凸轮轴上进气凸轮应开始下压进气阀顶盖及弹簧，且排气凸轮与进气凸轮设计间隔 270°，其余各缸凸轮轴进排气定时依次按照发火顺序顺时针转动 120°。同时为保证火花塞在压缩冲程上止点时点火，点火飞轮上第一个磁性块与第一缸点火传感器间顺时针错开 60°角。

4.2.4　工作原理

1. 发动机工作原理

发动机根据斜盘式柱塞泵及四冲程汽油机工作原理设计，其中转动部位设计成斜盘转子型式，活塞、缸套、气缸盖等采用双向对置设计和安装，缸头、进排气阀、凸轮轴等部件按照四冲程汽油机原理设计。

发动机起动时，斜盘转子在起动电机的驱动下转动，并通过斜盘滑块的传递作用，将转子圆周运动转变为活塞的直线往复运动，活塞在缸套内往复运动使外界的空气和燃油雾化进入气缸并压缩。当混合油气被压缩到一定程度时，缸头上安装的火花塞在点火系统控制下点火，进而使油气燃烧并膨胀做功。随后斜盘转子及活塞在燃气做功驱动下继续工作，发动机按照吸气、压缩点火、膨胀做功、排气的顺序循环运行。当发动机转速达到最低运行条件时，起动电机退出工作，发动机开始自持工作。

由于发动机设计成双向对置轴对称结构型式，其发火间隔角与各缸圆周布置角度一致，发动机运行中结构受力、磨损均匀，可靠性提高。其次发动机输出端设计增压部件，且活塞行程小于缸径，使得发动机运行中变速响应快，转速提高，燃烧效率及功率密度也随之提高。

2. 无人机工作原理

无人机起飞前，皮带张紧组件的张紧轮与皮带处于脱开状态，此时若起动发动机，则输出端的皮带轮开始转动，但由于此时皮带处于松弛状态，上部中间传动轴上的皮带轮不会转动。当需要起飞无人机时，可操纵飞行控制箱使驱动电机带动丝杆转动，继而驱动张紧轮与皮带接触并压紧，此时发动机输出端皮带轮通过皮带的作用带动中间传动轴及其皮带轮转动，继而带动两侧传动轴转动，再通过直角传动箱内正反转传动齿轮驱动正反转旋翼轴、正反转旋翼头及正反转旋翼转动。桨叶转动后，在一定桨距和转速下，无人机获得足够升力开始起飞。

当无人机作为横列式双轴直升机使用时，采用横向放置，正反转旋翼头及正反转旋翼分别位于无人机左右侧。调节左右侧桨距可以实现无人机左右平衡和移动；操纵伺服电机使轴套倾转不同角度，可以改变正反转旋翼头轴线的倾转角度和方向，进而实现无人机的转动和前后飞行。

当无人机作为纵列式双轴直升机使用时，采用纵向放置，调节前后端正反转旋翼桨距，可以实现无人机向前向后飞行。调节可转轴套倾转角度和方向，可以实现无人机转向和左右移动。

4.2.5 总结

倾转双轴四旋翼无人机在设计上有以下几方面创新：一是采用四旋翼双轴设计，双轴并列布置，同一轴线上布置共轴反转双旋翼，轴线间距离大于桨叶直径，在两侧旋翼不碰撞的条件下缩短了轴距。二是采用总距调节共轴反转旋翼头，不进行周期变距调节，从而避免了周期变距载荷的影响，提高了稳定性。三是采用旋翼可倾转设计，通过控制旋翼轴倾转实现无人机姿态调整，从而提高了双轴并列布置直升机的偏航操纵效率。四是采用功率密度大、结构紧凑、气动布局良好的汽油机提供动力，在保证经济效益的同时提高了无人机动力性能。

4.3 双桨共轴水陆两栖无人机总体结构设计

4.3.1 研究背景

水陆两栖飞机由于具备水上、陆上和空中运行的能力，在海上救援、物资运输、力量投放等方面有其独特的地位，自20世纪70年代以来世界各国都竞相研发生产。目前世界上有影响力的水陆两栖飞机主要有日本的US-2飞机，俄罗斯的BE-200飞机，中国的AG-600飞机，美国的ICON-A5飞机，加拿大的SeaStryder飞机，英国的Centuar系列飞机等。

US-2飞机采用附面层技术和防喷溅技术，机翼由于使用喷气副翼，基本处于螺旋桨滑流之中，具备极好的短距起落性能和高抗浪性，低速飞行时的操纵性及地面起降滑行稳定性较好。BE-200 采用高细长比先进水动力单短阶船底设计，飞机在水面滑行时稳定性和操纵性较好。机翼后掠，翼尖设两个稳定浮筒，采用 T 形尾翼，两个涡扇发动机高置于后机身上单翼后缘，能有效避免飞机在水面滑行时发动机吸水问题。AG-600 采用传统布局，船体断阶形状设计，四螺旋桨推进，由于大长宽比，起落架布置在机身两侧，悬臂外伸。这种布局有效减轻了重量，但对气动外形、适航轮距要求以及收放运动机构要求较高。ICON-A5 采用了折叠机翼设计，便于陆地行驶。SeaStryder 采用极速浮动式机翼，其机翼根部后缘可作为高速水上滑行面，在离水升空时可转动，减小了水面航行及气动阻力，缩短了起飞滑跑距离，经济性提高。centuar 系列飞机采用三船体技术，并对船体形式进行革新，提出了波浪船体的概念，对减少船体阻力以及水流喷溅对发动机和机翼的影响有较大的改进。

　　随着无人控制技术的发展和广泛应用，水陆两栖无人机也有新的发展。国内研制的 U-650 大型水陆两栖无人机，在这方面走出了第一步。该无人机机身底部采用机翼悬挂式浮筒设计，发动机高置于上单翼后缘，设计思想类似于 ICON-A5，目前 U650 主要用于邮件运输、监测勘探等领域。

　　目前，现有的水陆两栖无人机在水面航行时阻力较大，且水上起飞降落不够平稳，容易出现侧翻问题。本书提出一种双桨共轴水陆两栖无人机，解决传统固定翼无人机在海上平台起降困难的问题，使无人机满足陆地及水上起飞降落要求，降落阻力小，起飞平稳，实用性提高。

4.3.2　无人机总体结构设计

　　无人机采用三机身结构，常规气动布局设计，上单翼、双垂尾及整体水平尾翼。主机身底部采用船型设计，设计左右副机身，主机身与副机身之间设计鳍板，副机身后端连接水平尾翼，主机身底部设计鳍板，同时无人机主机身和副机身底部设计可收放式起落架及舱门，机头部位设计挂钩，便于无人机在海上平台吊放回收。无人机采用共轴反转涡轴发动机作为动力装置，主机身和副机身设计大容量油箱以延长续航时间。

　　双桨共轴水陆两栖无人机由主机身、副机身、鳍板、机翼、垂直尾翼、水平尾翼、双轴共桨发动机、发动机支架、发动机罩、主油箱、前起落架、后起落架、起落架舱门组成，具体结构组成及连接关系如图 4-28、图 4-29 所示。

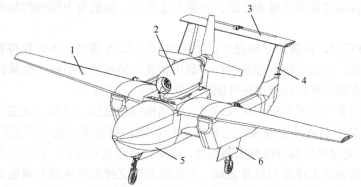

1—机翼；2—双轴共桨发动机；3—水平尾翼；4—垂直尾翼；5—主机身；6—起落架舱门

图 4-28　双桨共轴水陆两栖无人机整体结构图

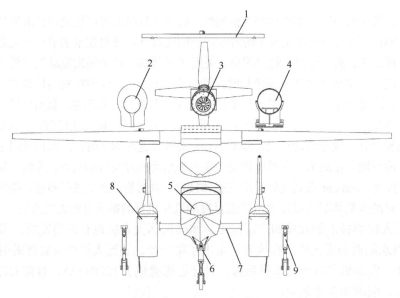

1—水平尾翼；2—发动机罩；3—双轴共桨发动机；4—发动机支架；5—主油箱；6—前起落架；
7—鳍板；8—副机身；9—后起落架

图 4-29　无人机结构分解图

机翼安装在主机身及副机身上部，机翼上安装发动机支架及发动机罩，发动机罩内安装有双轴共桨涡轴发动机。主机身的内部和底部分别安装有主油箱，前部底端设置起落架舱门及前起落架。副机身位于主机身两侧，且通过鳍板与主机身连接，后端安装有垂直尾翼，左侧和右侧的垂直尾翼之间安装有水平尾翼，副机身的内部安装有副油箱，底部安装有后起落架。

主机身采用船底型设计，截面形状为双层楔形，其中下层楔形夹角较大，上层夹角稍小，采用该设计减少了无人机在水面降落时水花喷溅量，同时又能保证水流对主机身的冲击载荷不至于过大。副机身为平面形式，底部高于主机身底部，底部后端向后逐渐倾斜。鳍板为对称厚翼型，其一端与主机身固定连接，另一端通过螺栓与副机身固定连接，鳍板迎角 3～5°。该设计利用水流划过鳍板产生的升力抬高主机身和副机身，以减小无人机在水上滑行时的阻力，便于起飞。主机身与副机身上设有凹槽，凹槽上嵌设有机翼。机翼连接部位设置了梯形台阶，分别与主机身、副机身上端凹槽相契合，以提高连接紧固性。

如图 4-30 所示，机翼为一体设计，采用 NACA 4415 翼型，不设置襟翼，具体组成包括翼身、副翼、控制舵机、控制拉杆。其中副翼安装在翼身后缘，副翼两端伸出转轴插入翼身内，在控制舵机及控制拉杆驱动下副翼可以上下摆动。

起落架采用前三点式布置，可收放设计，结构组成包括支撑架、减震支架、轮胎和收放支架等。其中前起落架安装在主机身底部前端，后起落架安装在副机身底部。如图 4-31 所示，支撑架顶部与机身底部铰接，底部与减震支架连接，减震支架上安装有轮胎，收放支架安装在支撑架与机身之间。前起落架的支撑架整体套在减震支架外部，两者可相对转动。且减震支架顶部通过万向联轴节与舵机连接，当舵机运转时减震支架与轮胎可跟随转动，从而实现无人机地面行进时转向功能。

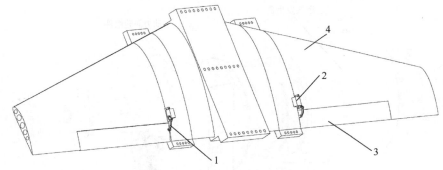

1—控制拉杆；2—控制舵机；3—副翼；4—翼身

图 4-30　无人机机翼

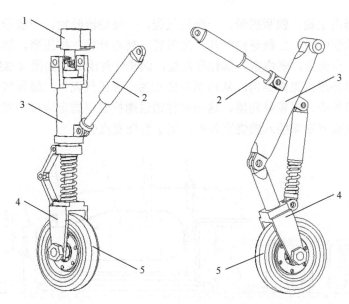

1—舵机；2—收放支架；3—支撑架；4—减震支架；5—轮胎

图 4-31　无人机前后起落架

4.3.3　发动机结构设计

双桨共轴涡轴发动机由燃气发生器和动力涡轮两大部分组成。其中燃气发生器采用轴流和离心结合的方式压缩空气，增加发动机压缩比，同时提高进气量；燃烧室设置物理分区，其中燃油喷嘴采用旋流雾化设计，从而增大燃烧室油气混合程度，延长燃气停留时间，解决发动机油耗大、效率不高问题；动力涡轮组件采用共轴反桨设计，在发动机功率不变的前提下，桨叶最大尺寸减小，效率提高。此外发动机转动部位采用闭式润滑系统，用以解决小型涡轴发动机轴承连续运行时间短问题，发动机整体结构如图 4-32 所示。

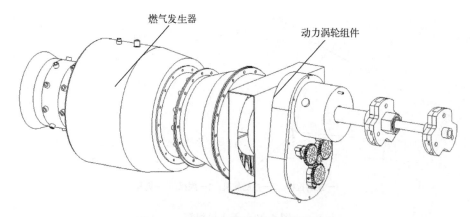

图 4-32 双桨共轴涡轴发动机整体结构

燃气发生器由主轴,锁紧螺母,一级压气壳,一级轴流叶轮,一级导向叶片,二级压气壳,二级轴流叶轮,二级导向叶片,进气壳,离心叶轮,扩压器,轴套,发动机外壳,燃油喷管,火器,燃烧室,涡轮导向器,涡轮叶片组成。如图 4-33、图 4-34 所示,燃气发生器外部为壳体结构,从前至后依次为一级压气壳、二级压气壳、进气壳、扩压器、发动机外壳、涡轮导向器,这些部件通过螺栓首尾固定连接,发动机外壳上还安装点火器,点火器末端插入燃烧室外壁,用于燃烧室点火。

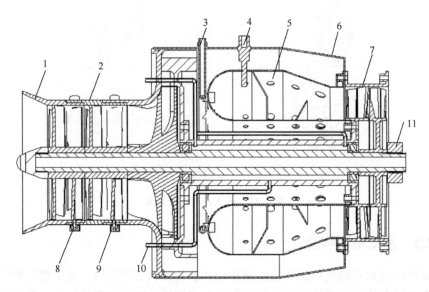

1——一级压气壳;2——二级压气壳;3——燃油喷管;4——点火器;5——燃烧室;6——发动机外壳;7——涡轮导向器;8——一级导向叶片;9——二级导向叶片;10——滑油管;11——锁紧螺母

图 4-33 燃气发生器的剖视结构示意图

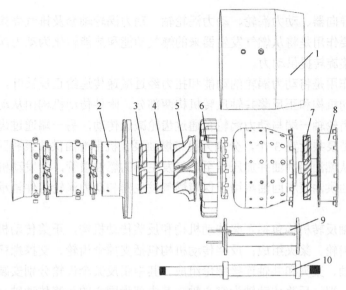

1—发动机外壳；2—进气壳；3——级轴流叶轮；4—二级轴流叶轮；5—离心叶轮；6—扩压器；7—涡轮叶片；
8—涡轮导向器；9—轴套；10—主轴

图 4-34　燃气发生器分解图

发动机壳体内包含燃烧室、燃油喷管、轴套等部件，其中燃油喷管安装在燃烧室前端，燃烧室后端与涡轮导向器固定连接。轴套为空心法兰结构，其前端与扩压器通过螺栓固定，后端与涡轮导向器内壳通过螺栓固定，内部通过轴承与主轴固定连接。主轴前端安装一级轴流叶轮、一级导向叶片、二级轴流叶轮、二级导向叶片、离心叶轮，后端安装涡轮叶片，并通过锁紧螺母固定。轴套上安装滑油管，滑油管进出口穿过扩压器及进气壳。

如图 4-35 所示，动力涡轮组件由动力涡轮导向器、动力涡轮、动力涡轮轴、动力涡轮轴套、排气壳体、传动箱、滑油管、支撑螺栓、支撑伞齿轮、从动齿轮轴、反桨传动轴、桨夹、共轴连接螺母、正桨传动轴、正反桨伞齿轮、机带泵组成。

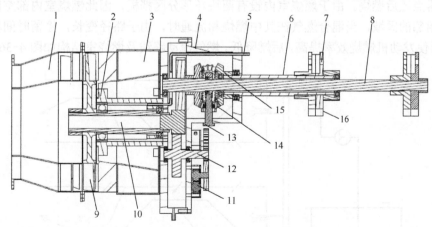

1—动力涡轮导向器；2—动力涡轮轴套；3—排气壳体；4—传动箱；5—滑油管；6—正桨传动轴；7—桨夹；8—反桨传动轴；9—动力涡轮；10—动力涡轮轴；11—机带泵；12—从动齿轮轴；13—支撑螺栓；14—支撑伞齿轮；15—正反桨伞齿轮；16—共轴连接螺母

图 4-35　动力涡轮组件剖视图

动力涡轮导向器、动力涡轮、动力涡轮轴、动力涡轮轴套及排气壳体共同组成动力涡轮部件，主要作用是将从燃气发生器来的燃气动能和热能转化为动力涡轮动能，为发动机带动螺旋桨旋转提供动力。

传动箱的作用是将动力涡轮的动能和扭力经过减速传递给正反桨叶，其结构组成主要包括附件传动机构和正反桨共轴反转机构两部分。附件传动机构由从动齿轮轴、机带泵组成。从动齿轮轴一端与动力涡轮轴通过齿轮减速传动，另一端通过齿轮减速驱动机带泵运行。机带泵共设置 3 个，分别为机带燃油泵、机带滑油供油泵和回油泵，其中机带燃油泵用于从燃油箱抽油并加压送至燃气发生器的燃油喷管，为发动机工作提供燃料保障。机带滑油供油泵和回油泵用于保障燃气发生器和动力涡轮组件轴承和传动部位的润滑和冷却。

正反桨共轴反转机构包括正桨传动机构和反桨传动机构，正桨传动机构由正桨传动轴、正反桨伞齿轮、桨夹组成；反桨传动机构包括支撑伞齿轮、支撑螺栓、正反桨伞齿轮、反桨传动轴、桨夹和共轴连接螺母组成。其中正反桨伞齿轮分别安装在正桨传动轴和反桨传动轴一端，反桨传动轴为空心轴，其内部为同心的正桨传动轴，支撑伞齿轮通过轴承安装在支撑螺栓上，支撑螺栓固定在传动箱壳体上。正桨传动轴与反桨传动轴通过正反桨伞齿轮与支撑伞齿轮啮合传动实现共轴反转。

传动箱壳体设有滑油管，滑油管一端贯穿传动箱壳体，另一端与动力涡轮轴套连接，主要为动力涡轮轴的轴承提供润滑和冷却。位于传动箱内的滑油管上设有若干圆孔，用于给传动箱内的各种齿轮提供润滑。

4.3.4 工作原理

1. 发动机工作原理

发动机工作时，机带燃油泵驱动燃油通过燃油管上的旋流离心喷嘴供给燃烧室。空气从一级压气壳、二级压气壳和进气壳进入发动机外壳及燃烧室内形成油气混合物，并经点火器点燃后燃烧。由于燃烧室内设有两块环形分区挡板，因此燃烧室内部空间分隔成几个相邻的区域，当混合燃气在其中燃烧和流通时，由于路径变长，停留时间相应增加，从而使发动机燃烧效率提高，后燃降低。燃气流动路线及燃烧室结构如图 4-36 所示。

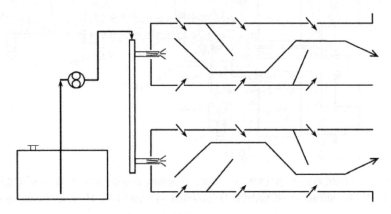

图 4-36 燃气流动路线及燃烧室结构

燃烧室的燃气经出口流向涡轮导向器，随后在涡轮导向器内改变流向继续驱动涡轮叶片旋转做功，进而带动主轴及固定在主轴上的一级轴流叶轮、二级轴流叶轮、离心叶轮转动，使空气继续增压进入燃气发生器与燃油混合燃烧，保障发动机持续运转。

从燃气发生器出来的燃气经过动力涡轮导向器膨胀和改变方向后，继续驱动动力涡轮旋转做功，进而带动动力涡轮轴转动。动力涡轮轴通过齿轮减速传动分别驱动正反桨传动机构和附件传动机构运转，从而使机带泵运行，正反桨叶旋转产生推力。

燃气发生器内，润滑油通过进油管从发动机轴套上部喷入发动机前后轴承，再通过发动机轴套下部的出油管回到油箱。动力涡轮组件内，润滑油通过滑油管进入传动箱壳体及动力涡轮轴套内，由于滑油管上设置若干圆孔，因此一部分润滑油通过圆孔喷入传动箱内，对传动箱内的齿轮进行润滑，另一部分润滑油进入动力涡轮轴套内，对轴承进行润滑，两部分润滑油流过转动部位后，在重力作用下，最终汇集到传动箱下端，并通过回油泵回到油箱。滑油循环路线及工作原理如图 4-37 所示。

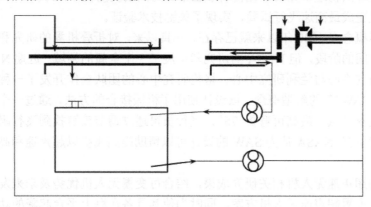

图 4-37　滑油循环路线及工作原理

2. 无人机工作原理

无人机在水面降落时，前后起落架处于收起状态，副翼向下偏转，水平尾翼后缘向上偏转，主机身处于抬头状态。此时逐步减速降低无人机高度，当主机身与水接触后，缓慢减小仰角，直至无人机与水面处于平行状态，随后无人机在水面阻力下缓慢停止。

无人机在水上起飞时，步骤与降落时相反，先逐步提高无人机在水上滑行速度，在鳍板及机翼升力作用下无人机会逐步抬起，当达到最低起飞速度时，缓慢增加机翼仰角，直至主机身离开水面完成起飞。无人机在陆上起降时与水面起降相似，不同之处是起落架舱门及前后起落架均处于打开状态。

4.3.5　总结

双桨共轴水陆两栖无人机采用三机身结构设计，主机身底部设计鳍板，副机身后端连接水平尾翼，两者相互作用下，无人机在水上起飞时可以快速脱离水面，同时更加稳定不易侧翻；其次，由于该型无人机采用双轴共桨发动机，同样推力下螺旋桨直径相对变小，飞行姿态不会受螺旋桨旋转离心力影响，进一步增强了飞行稳定性，具有较强的实用性。双桨共轴水陆两栖无人机，有效解决了传统固定翼无人机在海上平台起降困难的问题，使无人机满足陆地及水上起飞降落的特殊要求，确保无人机在水上降落时阻力小，起飞平稳，提高实用性。

4.4 可变翼超声速无人机

4.4.1 研究背景

目前世界上大部分无人机均只能进行亚声速飞行，而随着无人机在军事领域的应用逐步深入，用户对于无人机隐身和超声速的要求逐步提高。近年来已有报道，一些超声速无人机正在进行相关实验和应用，比如美国的"猎鹰"HTV-2 高超声速无人机、俄罗斯的"魔利尼亚"超声速无人机、新加坡凯利航空研制的"Arrow"无人机等。2021 年中国科学院工程热物理研究所依托自研小型带加力涡喷发动机 TWP300L 研制的"雨燕"超声速无人机完成最高速飞行试验，实现了关键技术验证。

折叠机翼概念自 1940 年以来就已存在，一直以来，对折叠机翼的研究和使用均停留在减少所占空间的阶段，但 NASA 的研究却扩展了一个全新的领域。近期 NASA 的阿姆斯特朗飞行研究中心与兰利研究中心、格伦研究中心的团队合作开发了一种名为"展向自适应机翼（SAW）"的新型概念。该设计使用了机械接合的方法，通过一个连接机翼的铰链来控制机翼形状，最高可弯折 75°，飞行员可通过调节铰链找到飞行阻力最小和升力最大的最优位置。NASA 认为 SAW 的设计可以帮助提高飞机以超声速和高超声速飞行时的效率。

综合当前超声速无人机相关研究成果，结合可变翼无人机优势及未来发展趋势，本书提出一种可变翼超声速无人机方案，同时为使其具备在海上平台起降的功能，对无人机起落架及阻拦挂钩等部件进行了改进设计。

4.4.2 无人机总体结构设计

如图 4-38、图 4-39 所示，无人机由机身、进气道、发动机、前起落架、后起落架、起落架舱门、机翼、可折叠机翼、蝶形尾翼、机翼转动机构、油箱、阻拦索挂钩组件等组成。

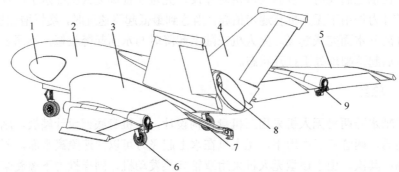

1—进气道；2—机身；3—机翼；4—蝶形尾翼；5—可折叠机翼；6—后起落架；
7—阻拦索挂钩组件；8—发动机；9—机翼转动机构

图 4-38 可变翼超声速无人机外形图

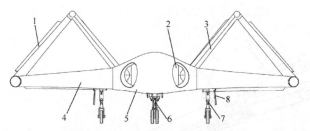

1—可折叠机翼；2—进气道；3—蝶形尾翼；4—机翼；5—油箱；6—前起落架；7—后起落架；8—起落架舱门

图 4-39　无人机机翼折叠后外形图

机翼通过插接方式安装在机身后端左右侧，可折叠机翼通过铰接形式与机翼左右端部连接，蝶形尾翼设置在机身尾端上部。机翼及尾翼铰接部位设置机翼转动机构，如图 4-40 所示，机翼转动机构由伺服电机、蜗轮、蜗杆组成。油箱与机身左右侧及机翼内部一体设计。如图 4-41 所示，机身内部后端排气管内安装一台发动机、前端设计左右进气道，前起落架安装在机身前端下部，位于左右进气道中间，后起落架组件安装在左右机翼下部，前后起落架采用可收放式设计，收起时存放于起落架舱门内。机身后段底部设置阻拦索挂钩，主要由伺服油缸、挂钩固定件、缓冲拉杆、挂钩主体、挂钩组成，如图 4-42 所示。

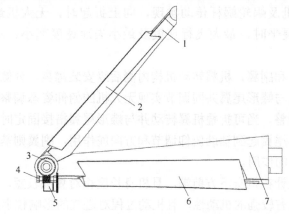

1—可折叠机翼；2—副翼；3—蜗轮；4—蜗杆；5—伺服电机；6—襟翼；7—机翼

图 4-40　无人机机翼结构组成

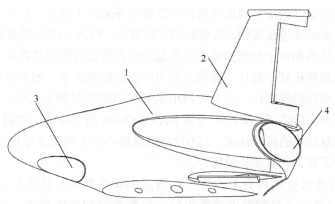

1—机身；2—蝶形尾翼；3—进气道；4—排气管

图 4-41　机身外形图

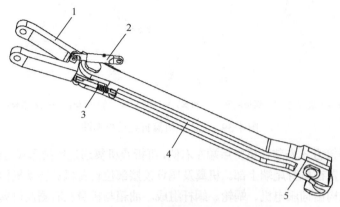

1—挂钩固定件；2—伺服油缸；3—缓冲拉杆；4—挂钩主体；5—挂钩

图 4-42 阻拦挂钩结构图

为了控制无人机航速在相对较大的范围内可变，采用翼尖可向上折起的设计，其转动通过伺服电机及蜗轮蜗杆传动实现，向上折起时，无人机最大速度提升，便于高速飞行；机翼展平时，最大飞行速度及最小失速速度变小，从而实现低速平稳飞行。

无人机设计襟翼和副翼，机翼转动机构内侧后缘安装襟翼，外侧安装副翼。当可折叠机翼展平时，襟翼与蝶形尾翼共同调节实现无人机的俯仰姿态调整，副翼主要负责无人机翻滚转弯姿态调整。当可折叠机翼转动并与蝶形尾翼搭接固定时，襟翼承担翻滚和俯仰调节功能，蝶形尾翼起到辅助俯仰调节和方向舵作用，副翼则基本不动作，仅起到稳定航向和保持状态的作用。

无人机进气口设计在机身下方前端，且机身长度相对翼展较短，因此在可折叠机翼展开和折叠情况下均有较强的机动性，且机动过程对进气的影响较小。

4.4.3 发动机结构设计

脉冲爆震发动机（PDE）利用周期性的爆震循环来产生推力，它与涡轮或冲压发动机等传统的稳定流动推进系统相比有较高的性能潜力。PDE 中燃料的燃烧过程是超声速的准等容过程，从而相对于传统的稳态流动发动机有较低的燃油消耗率。另外发动机在流道中没有设置旋转机械，增压、燃烧及推力产生过程都在单一的部件中进行，所以这种推进系统具有很高的推重比。近年来 PDE 的研究已经拓展到无人机、火箭和导弹等领域。美国空军研究实验室（AFRL）、美国 NASA Glenn 研究中心、美国 GE 全球研究中心对在燃气涡轮发动机的风扇涵道、加力燃烧室及核心机主燃烧室中使用 PDE 带来的系统性能增益进行了理论计算和试验研究。

脉冲爆震发动机虽然具有不少优点，但由于其受到进口压力低、振动噪声大、温度高、工作范围窄以及起动困难等限制，目前单独应用的较少。为了解决这类问题，近年来许多机构把研究方向放在了组合 PDE 上，比如美国空军在涡扇发动机外涵道采用脉冲爆震燃烧，以代替传统发动机的加力燃烧室。GE 公司为了探索利用脉冲爆震推进装置取代传统发动机高压核心单元的可行性，积极开展了这种组合发动机的原理样机研究，M.A.Mawid 应用多维 CFD 方法分析了带脉冲爆震加力燃烧室的涡扇发动机（PDAC）的相关性能参数，并比较了传统涡扇发动机和 PDAC 的推力、SFC 和推重比，研究了 PDAC 共用尾喷管的性能影响，研究结果表明：当 PDE 工作频率达到 100Hz 或以上时，PDAC 推力比原涡扇发动机提高了 50%～60%，推重比提高了 40%～50%，在模拟飞行高度 35000 英尺、马赫数为 0.85 的巡航状态下，当推力与原涡扇加力基本一致时，脉冲爆震—涡扇组合发动机的 SFC 降低了 11%，理论上验证了在涡扇发动机后部采用脉冲爆震发动机作为脉冲爆震加力燃烧室概念的发动机（PDAC）是可行的。

本书针对无人机经济航速巡航和高速机动需求进行了结构创新设计，充分利用涡扇发动机低油耗、低噪声巡航、内外涵道设计等优势，同时结合旋转脉冲爆震发动机高效率、大推力、可自行起动等特点，设计一种旋转脉冲爆震涡扇发动机，并在结构设计方面进行创新，目的是为高速无人机提供一种更加高效的，可在经济巡航和高速机动状态无缝切换的动力保障。

旋转脉冲爆震涡扇发动机由涡扇叶轮、涡扇承力机闸、旋转阀组件、气阀组件、外涵道壳体、火花塞、机带燃油泵、机带滑油泵、起动电机、直角传动箱、附件传动箱、附件传动轴、旋转阀传动轴、减速传动轴、减速箱、涡扇轴、行星齿轮轴、内轴、外轴、进气导流壳、压气机叶轮、扩压器、燃油喷管、燃烧室、滑油管、轴套、锁紧螺母、内外轴连接件、一级导向器、一级涡轮、二级导向器、二级涡轮、尾喷管组成，如图 4-43～图 4-45 所示。

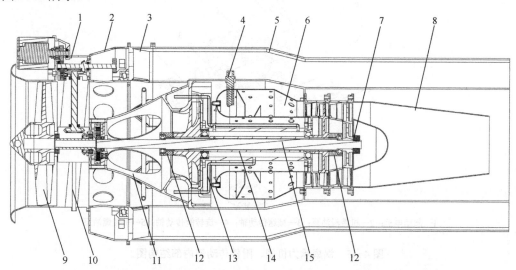

1—附件传动箱；2—旋转阀组件；3—气阀组件；4—火花塞；5—外涵道壳体；6—燃烧室；
7—锁紧螺母；8—尾喷管；9—涡扇叶轮；10—涡扇承力机闸；11—进气导流壳；12—内外轴连接件；
13—滑油管；14—外轴；15—内轴

图 4-43 旋转脉冲爆震涡扇发动机剖视图

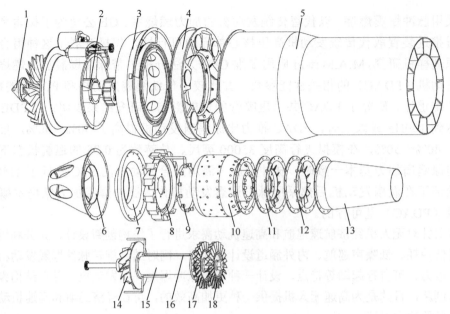

1—锁紧螺母；2—直角传动箱；3—旋转阀组件；4—气阀组件；5—外涵道壳体；6—进气导流壳；7—进气壳；8—扩压器；9—燃油喷管；10—燃烧室；11——级导向器；12—二级导向器；13—尾喷管；14—压气机叶轮；15—轴套；16—滑油管；17——级涡轮；18—二级涡轮

图4-44 旋转脉冲爆震涡扇发动机总体结构分解图

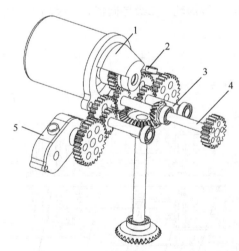

1—起动电机；2—机带滑油泵；3—减速传动轴；4—旋转阀传动轴；5—机带燃油泵

图4-45 涡扇承力机闸、附件传动箱内部结构图

发动机前端至燃烧室，外部结构依次为涡扇承力机闸、旋转阀组件、气阀组件、外涵道壳体，相互之间依次通过法兰螺栓固定连接。内部结构依次为涡扇叶轮、直角传动箱、减速箱、进气导流壳、压气机叶轮、进气壳、扩压器，其中直角传动箱与涡扇承力机闸一体设计，后端与减速箱通过螺栓连接，减速箱后端又通过法兰螺栓与进气导流壳

92

固定连接，进气导流壳后端通过螺栓固定在进气壳前端，进气壳后端通过螺栓连接扩压器，扩压器圆周方向与外涵道壳体内壁采用过盈配合定位。涡扇叶轮安装在直角传动箱的涡扇轴前端，并通过锁紧螺母固定。压气机叶轮在扩压器内部安装，并通过内外轴连接件固定在外轴的前端。

燃烧室外围为外涵道壳体，内侧为轴套、外轴、内轴、内外轴连接件。其中轴套安装在外轴外部、外轴套装在内轴外部，轴套、外轴、内轴之间通过轴承连接，内轴、外轴之间的轴承连接部位还通过内外轴连接件定位。轴套前端通过螺栓与扩压器固定，后端通过螺栓与一级导向器固定。

燃烧室至发动机尾部依次为一级导向器、一级涡轮、二级导向器、二级涡轮、尾喷管。其中一级导向器前端通过法兰螺栓与外涵道壳体内部法兰固定，后端与二级导向器通过法兰螺栓固定，二级导向器后端与尾喷管通过法兰螺栓连接。一级涡轮在一级导向器内部安装，并通过内外轴连接件固定在外轴的尾端，二级涡轮在二级导向器内部安装，并通过锁紧螺母固定在内轴的尾端。

附件传动箱与涡扇承力机闸一体设计，其内部有旋转阀传动轴，减速传动轴。如图 4-45 所示，附件传动箱前端安装起动电机、机带滑油泵、机带燃油泵，后端通过螺栓与旋转阀组件壳体固定。附件传动箱内的旋转阀传动轴前端通过直齿轮与起动电机啮合，后端通过直齿轮与旋转阀啮合，中部通过伞齿轮与附件传动轴啮合。附件传动轴下端伸入直角传动箱内，其末端安装伞齿轮，并与直角传动箱内的涡扇轴伞齿轮啮合，涡扇轴与附件传动轴相互垂直，通过伞齿轮啮合实现垂直传动。附件传动箱内的减速传动轴通过大小齿轮与旋转阀传动轴及机带燃油泵、机带滑油泵的齿轮啮合，实现两级减速。

如图 4-46 所示，减速箱内部包括涡扇轴、行星齿轮轴，涡扇轴前端安装涡扇叶轮及锁紧螺母，后端为内齿轮结构，涡扇轴通过内齿与行星齿轮轴的外齿啮合，传动比 1∶4，转向相同。减速箱后端与内轴连接，通过行星齿轮轴啮合传动，行星齿轮轴与内轴之间传动比 1∶1，转向相反。

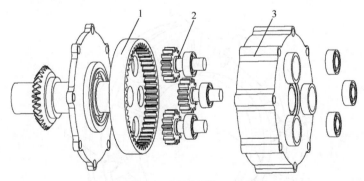

1—涡扇轴；2—行星齿轮轴；3—减速箱

图 4-46 减速箱内部组件图

如图 4-47 所示，旋转阀组件由旋转阀、薄壁轴承、旋转阀组件壳体、点火传感器组成。旋转阀前端为外齿轮结构，后端为两个环扇形的阀片。旋转阀内壁通过薄壁轴承安装在旋转阀组件壳体内；旋转阀组件壳体前端与涡扇承力机闸法兰通过螺栓固定，后端与气阀组件法兰通过螺栓固定，旋转阀组件壳体内壁沿圆周方向开圆形孔，用于进气。

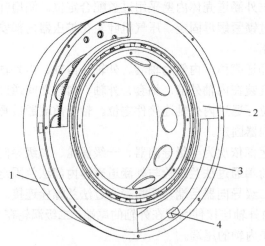

1—旋转阀组件壳体；2—旋转阀；3—薄壁轴承；4—点火传感器

图 4-47　旋转阀组件结构图

如图 4-48、图 4-49 所示，气阀组件由气阀、弹簧、气阀螺母、爆震燃油管、气阀组件壳体组成。气阀插入气阀组件壳体内对应的通道前端，气阀前端套装弹簧，并通过气阀螺母固定，气阀后端为边沿成 45°角的圆盘，圆盘部位通过弹簧的预紧力与气阀组件壳体压紧接触。气阀杆部内部钻孔，外部沿轴向开有两组线槽，线槽与内部钻孔连通。爆震燃油管安装在气阀组件壳体内部，爆震燃油管圆周方向设置分支出口，出口与气阀组件壳体油道连接。气阀组件壳体油道另一端与气阀杆部的一组线槽连通。气阀组件的作用就是在气流压力作用下，通过气阀的向后移动打开气流通道，同时在气流的引射作用下，使爆震燃油管来的燃油通过气阀组件壳体油道和气阀的两组线槽雾化喷出。

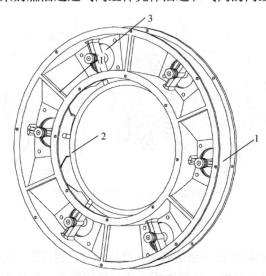

1—气阀组件壳体；2—爆震燃油管；3—气阀

图 4-48　气阀组件结构组成图

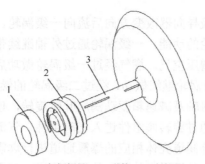

1—气阀螺母；2—弹簧；3—气阀

图 4-49　气阀结构图

如图 4-50 所示，外涵道壳体设计成环扇形双层壳体，双层壳体之间共有 12 个扇形通道，其中 6 个为脉冲爆震通道，其前端为扇形开孔结构，用于同气阀组件后端固定和气流连通。与 6 个脉冲爆震通道相邻的为 6 个涡扇喷气流道，其前端内侧开有矩形孔，用于涡扇叶轮旋转产生的气流进入流道。脉冲爆震通道前端的内侧壳体安装有 6 个火花塞，用于爆震燃烧点火。另外发动机上端的一个涡扇流道内，安装有一个火花塞，用于给发动机起动时燃烧室点火。

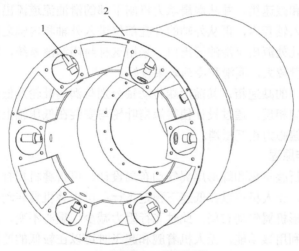

1—火花塞；2—外涵道壳体

图 4-50　外涵道壳体结构图

外涵道壳体的 6 个爆震通道内安装的火花塞由旋转阀组件上安装的 3 个点火传感器控制，点火传感器与火花塞之间还有点火线圈和点火器，每一个点火传感器对应连接两个对称安装的火花塞。当点火传感器与旋转阀通过接近感应发生通断时，点火线圈和点火器由于电磁突变产生高压电，使得相应连接的火花塞产生电弧，从而实现点火控制。为了使旋转阀正好在打开气阀组件完毕时点火成功，3 个点火传感器安装间隔角为 120°，安装位置与外涵道壳体环扇形通道的间隔对齐。

4.4.4　工作原理

1. 发动机工作原理

利用压气机叶轮压缩空气并在燃烧室内与燃油喷管喷出的雾化燃油混合点燃，混合油气在燃烧室燃烧并经一级导向器改变方向后流向一级涡轮，燃气在流过涡轮叶片流道时其动能和热能转化为涡轮的动能，一级涡轮通过外轴继续带动压气机叶轮增压，持续为发动机提供燃烧所需的增压空气。燃气经过一级涡轮做功后继续进入二级导向器扩压并改变方向，然后流入二级涡轮继续做功，经过二级涡轮的燃气经过尾喷管加速后喷出，产生推力。二级涡轮通过内轴及减速箱驱动涡扇叶轮旋转，使高速气流一部分流入压气机叶轮继续增压，一部分通过旋转阀组件进入气阀组件，气流在气阀组件内与爆震燃油管里的雾化燃油混合进入外涵道壳体相应的爆震通道进行爆震燃烧，产生推力；其余部分气流沿着进气导流壳进入外涵道壳体相应的涡扇流道，在周围燃气的加热下进一步膨胀加速排出，产生推力。发动机在巡航状态下运行时，爆震燃油管不供油，点火传感器至火花塞线路断开，发动机不产生脉冲爆震。当发动机加速工作时，爆震燃油管打开供油，点火线路接通，发动机外涵道壳体内爆震通道工作。

发动机滑油系统采用闭式循环方式，即机带滑油泵从滑油箱吸油并送入涡扇承力机闸上端的附件传动箱及轴套的进油管，滑油在压力和重力作用下流经各转动部位，并对其进行润滑和冷却，最终从涡扇承力机闸下端和轴套出口管流出，回到滑油箱。在发动机内部滑油流经路线分为两部分，一部分是从附件传动箱沿着涡扇承力机闸内附件传动轴到达直角传动箱和减速箱，并从涡扇承力机闸下部的滑油流道流出；另一部分是从轴套的滑油管进口流入轴套内，再从外轴的开孔部位进入外轴和内轴之间的空间，再从外轴、轴套中部的开孔处流出至滑油管出口。采用这种封闭润滑系统，滑油的消耗减少，各润滑部位滑油流量较大，润滑和冷却效果较好。

发动机设计专门的减速箱，其前后端传动轴分别与涡扇叶轮及低压轴连接，传动比1∶4，输入输出转向相反，通过设计使得涡扇叶轮与安装在低压轴上的二级涡轮均能在较高效率下运转，偏心力相互抵消。

2. 无人机工作原理

无人机采用可折叠机翼和蝶形尾翼气动布局设计。可折叠机翼打开时，升力增加，最小失速速度变小，无人机可以在低速下稳定飞行；可折叠机翼转动并与蝶形尾翼搭接固定时，形成双蝶形机翼气动布局，此时飞行阻力减少、重心不变，最大飞行速度和无人机稳定性提升。利用该功能，无人机着舰和起飞时可以在较低的速度下进行，同时无人机升空执行任务时可以根据不同的任务要求选择低速巡航和高速机动。

4.4.5　总结

可变翼超声速无人机在设计上有以下几方面创新：一是由于旋转脉冲爆震涡扇发动机推重比大，功率调节范围宽，采用该型发动机推进，无人机可在经济航速与超声速状态下平稳切换，机动性和经济性提升。二是无人机机身头部结构加固，前起落架采用双轮设计，机身尾部设计阻拦挂钩装置，使得无人机具备弹射起飞，阻拦网或阻拦索降落功能。三是无人机采用飞翼和蝶形尾翼气动布局，机体大部分结构选用复合材料加工，使得无人机隐身性能增强；四是无人机机翼采用可折叠设计，低速飞行及降落时处于展开状态，机翼升力增加，不易失速；超声速飞行时机翼向上折起并与蝶形尾翼搭接固定，无人机总体阻力减小，效率增强。

第5章 舰载无人机作战应用基础

舰载无人机实际投入作战应用,除平台本身应满足舰载相关要求外,还需要多个系统的辅助和配套。这些系统通常包括无人机飞行控制系统、舰面控制站、任务载荷、数据链通信系统以及无人机收放保障系统等。本章从无人机作战应用出发,介绍无人机上述功能系统的原理组成及相关应用。

5.1 舰载无人机飞行控制系统及应用

无人机飞行控制系统是指负责无人机姿态、航迹稳定,自主导航的重要系统。其基本任务是根据操纵人员的控制指令或设定的航路规划,改变飞机的姿态和航迹,并完成导航计算、遥测数据传送、任务控制与管理等。其中自主导航是指系统根据无人机的实时位置、速度参数,通过与目标位置、航线比对,由系统自动生成控制指令,使无人机回到预定航线飞行的一种功能。本节主要介绍无人机飞行控制系统原理、组成及相关应用。

5.1.1 飞行控制系统介绍

1. 飞行控制系统原理及组成

无人机飞行控制系统按照负反馈控制原理设计,通常由传感器、控制器和执行机构组成。其中传感器包括反馈元件、敏感元件,控制器包括接收机、放大计算装置、放大器,执行机构主要包括舵机。控制原理如图 5-1 所示。传感器用于测量无人机的飞行状态,然后通过控制器按照控制律解算出控制信号,并交给执行机构来驱动操纵控制面,从而产生空气动力和力矩以控制无人机。当无人机偏离原始状态时,传感器感受到偏离的方向和大小,随即输出相应响应信号给控制器,控制器按照负反馈控制原理计算出需要的控制量,经放大处理后通过执行机构控制舵面偏转。由于整个系统是按照负反馈原理工作的,其结果是使无人机趋向原始状态。当无人机回到原始状态时,传感器输出信号为零,舵机以及相连的控制面也回到原位,无人机重新按原始状态飞行。按照负反馈控制原理,飞控系统根据飞行要求自动为无人机生成飞行指令,并根据指令控制无人机的升降舵、副翼、方向舵等操纵面进行相应的偏转,从而控制无人机改变姿态和航迹,完成期望的飞行和任务要求。

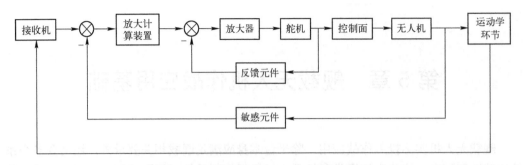

图 5-1 无人机控制中的负反馈控制原理

典型的无人机飞行控制系统主要由飞控计算机、舵机及控制器、传感器、电源模块、GPS 模块、数据链模块、数据存储模块等组成。飞控计算机是飞行控制系统的核心,主要担负数据采集、余度管理、控制律计算等重要任务。飞控计算机在采集驾驶员指令及无人机运动参数后,按照指定的控制算法及逻辑生成指令,并通过执行机构控制无人机运动,达到闭环控制的目的。通常组成飞行控制计算机的主要功能模块包括 CPU 模块、余度计算机支持模块、总线接口模块、模拟量输入模块、模拟量输出模块、离散输入/输出接口模块、隔离电源等;舵机控制器用于接收飞控计算机输出的信号,向各个舵机发送信号,驱动舵机运行。舵机是执行机构的主要元件,负责接收舵机控制器输出的控制信号,并输出扭矩直接驱动襟翼、副翼、直升机旋翼、鸭翼或尾翼舵面偏转,调节油门的开度等;传感器主要用于测量无人机运行参数和周围环境参数,包括高度、速度、姿态等数据,其种类主要有大气参数测量装置、角速度测量装置、航向姿态角测量装置和导航定位装置;电源模块主要为控制系统和执行机构提供各种要求的电力需求;GPS 模块用于接收卫星信号来确定无人机的地理位置、时间等信息;数据链模块用于接收遥控指令及发送遥测数据。数据存储模块则用于存储无人机运行时产生的所有图文信息、视频资料、程序指令等数据。

2. 固定翼无人机飞行控制系统原理及组成

对于固定翼无人机来说,其控制主要通过升降舵、副翼和方向舵的动作来实现。升降舵是指安装在水平尾翼后缘的可活动舵面或者可转动的鸭翼,对于矢量发动机来说可转喷管也起到升降舵作用。通过升降舵的同步偏转,可以改变水平尾翼上所受气动合力的方向,进而产生俯仰控制力矩,使无人机发生期望的俯仰运动。例如鸭翼抬起或者水平尾翼活动舵面向上偏转,或者发动机喷管向上偏转,升降舵舵面上会产生一个相对机体重心使机头上仰的控制力矩,继而使无人机抬头,反之则产生低头运动。副翼位于左右机翼的后缘,以差动方式偏转。当无人机需要进行滚转运动时,左右副翼会同时以同样的角度分别向上和向下偏转,使左右机翼产生的升力发生变化,进而产生使无人机向左或向右偏转的力矩,通过调整该力矩的大小,就会控制无人机发生期望的滚转运动。方向舵设在垂直尾翼后缘,通过偏转方向舵,可以改变作用在垂直尾翼上的气动力方向和大小,从而产生使无人机机头偏转的力矩,达到改变方向的目的。固定翼无人机控制系统基本原理结构如图 5-2 所示。

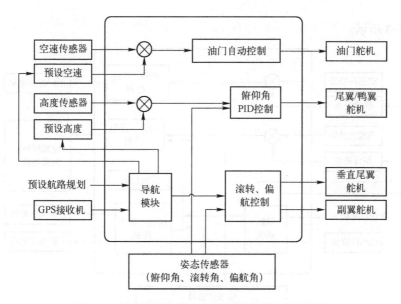

图 5-2　固定翼无人机飞行控制系统基本原理结构

3. 双旋翼无人机飞行控制系统原理及组成

双旋翼无人机的控制主要依靠旋翼的倾斜实现，其控制分为垂直控制、方向控制、横向控制和纵向控制。在平衡状态下旋翼旋转产生向上的升力与重力平衡，无人机处于悬停状态；随着旋翼速度和螺距的变化，升力也发生变化，当升力超过或者小于重力时，无人机就会出现上升或下降的运动。旋翼旋转产生的升力和受到的阻力都是通过发动机传动做功实现，通常为了使旋翼和发动机尽可能处于高效的状态，一般通过调节桨叶的桨距来改变升力，但由于桨矩变化会引起旋翼阻力的改变，为了维持发动机转速不变通常要同时调节油门大小。

旋翼桨矩的调节变化有两种方式。第一种方式是同一旋翼总成上各叶片同时增大或减小桨距（简称总距调节），对于横列式双旋翼无人机来说，同时增加或减少两侧旋翼总成的桨距，可以实现无人机起飞、悬停、上升或下降功能；单独调节一侧旋翼总距的大小可以实现无人机的侧飞和横滚。第二种调节方式是周期性调节各旋翼叶片的桨距（简称周期性桨距调节）。比如要使无人机前飞，就通过伺服电机或调距舵机的动作，使倾斜盘向前倾斜，在倾斜盘的作用下，每个叶片转到前进方向时，桨距减少，产生的拉力下降，桨叶向上挥舞的高度也减小。反之当叶片转到后方时，桨距增大，产生的拉力也跟着增加，桨叶向上挥舞的高度也增加。最终每个叶片端部运动轨迹构成的平面将向飞行方向倾斜，旋翼产生的拉力也跟着向前倾斜，在旋翼拉力向前的分量作用下，无人机实现向前运动。

对于采用只调节桨叶总距的横列式双旋翼无人机和倾转旋翼无人机来说，无人机向前的运动是通过倾转旋翼轴实现的，即通过伺服电机控制旋翼倾转机构动作，使两侧旋翼轴向前倾转一定角度。旋翼轴向前倾斜后，旋翼产生的拉力也跟随向前倾斜，从而产生向前的分力，促使无人机向前飞行。另外无人机在悬停或者平衡状态下，左右旋翼分别向前和向后倾转小角度可以实现无人机的航向调节。双旋翼无人机飞行控制系统原理结构如图 5-3 所示。

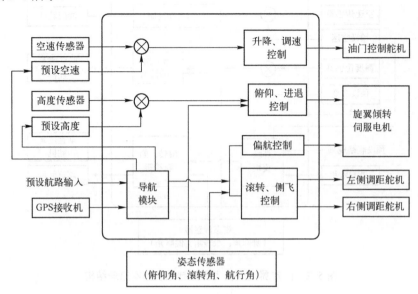

图 5-3 双旋翼无人机飞行控制系统原理结构

5.1.2 飞行控制系统应用

无人机飞行控制系统应用主要是指无人机自主导航、寻的制导、自主飞行控制和编队协同控制等方面。其中自主导航是指无人机按照操控员设定的航路进行自主飞行的行为；寻的制导是指无人机在作战阶段根据目标的各种辐射信息进行自主目标引导的行为；自主飞行控制和编队协同控制则是指无人机及其编队在飞行控制系统和任务管理系统的作用下，自动完成起飞、爬升、巡航、执行任务和返场着舰等过程的行为。

1. 无人机自主导航

无人机自主导航是指无人机根据起始点、实时位置、航行速度、航向、目标位置等设定参数，在导航系统的控制下实现自主飞行的行为。目前成熟的导航技术包括惯性导航、卫星导航、多普勒导航、组合导航等。

惯性导航（INS）是依靠加速度计测量载体在三个轴向的运动加速度，并通过积分运算得出载体瞬时速度和位置的一种导航方式。无人机惯性导航系统结构组成主要为加速度计、陀螺仪、导航计算机等。该系统优点是不依赖外界信息，不向外辐射能量，不受气象条件限制，可以完全自主运行，缺点是随着时间的积累，其定位误差会越来越大且无法自动修正。

卫星导航是依靠卫星进行无线电导航的一种工作方式，比如美国的 GPS 导航、俄罗斯的 GLONASS 导航、中国的北斗导航系统、欧洲伽利略导航系统等。卫星导航具有全球性、全天候、实时性和高精度的优点，缺点是只有接收卫星发射的无线电波才能进行导航，容易受外界干扰，动态刷新频率低，不适宜高速机动无人机使用。

多普勒导航（DNS）是利用多普勒效应进行导航的一种工作方式，现代大型远程无人机一般都配备这种导航系统。多普勒导航系统主要由多普勒雷达、航向姿态陀螺、多普勒导航计算机等组成。该系统具有质量轻、体积小、成本低、可以全天候、测量精度高等优点，缺点是无人机姿态超限时会影响多普勒雷达回波信号的接收，系统工作可能间断，且随着时间和飞行距离增加系统导航定位误差也将随之增大。

组合导航是指将现有的成熟导航技术进行组合的一种工作方式，典型的组合导航系统有 GPS/INS 组合式导航系统，GPS/DNS 组合式导航系统，GPS/INS/DNS 组合式导航系统等。组合式导航系统结合了几种优势互补的导航系统，因此可以为无人机提供更加精确的导航、定位服务，其自主能力、抗干扰能力以及可靠性等方面均有极大的提升。

2. 无人机寻的制导

无人机寻的制导是指利用无人机通过接受目标辐射或者反辐射信号确定目标位置，并按照一定的制导原理控制无人机向目标机动的技术。制导的方式可以分为雷达制导、红外制导、电视制导、激光制导以及复合制导等。

雷达制导是利用装在无人机上的探测雷达发射探测电磁波，机载导引头接收目标辐射或反射的无线电波，对目标进行跟踪，并控制无人机飞向目标的一种导引方法。根据目标信息来源的位置不同，雷达制导可分为主动、半主动和被动三种。其中主动式雷达制导无人机，其机载探测装置主动向目标发射无线电波，制导系统根据目标反射回来的电波，确定目标的坐标及运动参数，形成控制信号，并通过飞控系统引导无人机飞向目标；半主动式雷达制导是由其他平台发射无线电波，无人机负责接收反射电波以确定目标的坐标和运动参数，形成控制信号，并通过飞控系统引导无人机飞向目标；被动式雷达制导则是利用目标自身辐射的无线电波进行引导，进而控制无人机飞向目标。

红外制导包括红外点源制导和红外成像制导两种方式。前者是利用目标辐射的红外线作为信号源的一种被动制导方式。后者是利用目标红外图像进行目标捕获与跟踪，并引导无人机飞向目标的一种制导方式。

电视制导是由安装在无人机上的电视导引头，利用目标反射的可见光信息形成引导指令，实现对目标捕获和无人机控制的一种被动制导方式。

激光制导是由机载或其他平台的激光照射器发射激光束，并由无人机上激光寻的器接收目标反射激光形成制导指令，实现对目标的跟踪和无人机控制的一种制导方式。

复合制导是指由多种模式的导引头参与制导，共同完成对无人机的寻的任务。复合制导由于结合了各种制导方式的优点，因此可以提高目标捕捉概率和数据可信度，更有效地识别目标的真伪，从而提高寻的制导精度和效率。目前应用较广的复合制导为被动雷达/红外制导系统。

3. 无人机自主飞行控制

无人机自主飞行控制是能够自主感知环境态势，对环境的变化具有快速而有效的自主适应能力，能够不需要人工干预即可进行最优决策的行为方式。这些行为包括实时的航路、动作和传感器使用，在复杂多变环境下自主执行多样化战术任务等。无人机自主飞行控制包括七个方面：一是无人机自主进行俯仰、横滚、偏航控制，姿态和航迹控制；二是飞行高度保持、航迹跟踪控制、自动油门控制等；三是实现在全天候精确导航；四是自主进行飞行状态管理、导航计算、机载系统控制和信息交换等；五是自主感知周围环境可能存在的威胁，进行自主障碍规避、故障应急处置；六是自动探测和识别目标，并对目标进行跟踪监视；七是根据战场态势和目标情况自主做出攻击决策或辅助决策以供舰面站操控员选择。

4. 无人机编队协同控制

编队协同控制包括编队协同飞行控制和编队任务协同控制两个方面。其中编队协同飞行控制是指两架以上无人机或无人机与有人机之间按照一定队形飞行，各机之间保持一定安全距离和高度的一种飞行方式。协同飞行控制主要有主从型、基于行为型和虚拟结构型。主从型编队协同飞行是指设定一架无人机或有人机作为编队基准，其他的无人机则作为随从与基准保持一定距离同步飞行。在这种编队协同飞行构型中，任务路径存储在基准无人机内。基于行为型编队飞行是指为每架无人机定义相应的行为和目标，包括冲撞规避、障碍物躲避、目标寻找及队形保持等。虚拟结构型是指将整个编队看成一个单一的结构，每架无人机是虚拟结构的固定节点，当队形移动时，每架无人机跟踪队形固定节点运动即可。

编队任务协同控制主要包括四个方面：一是无人机编组根据目标和战场态势情况进行自主目标分配，自主航路规划，自动目标搜索和确认等；二是多架无人机根据任务或指令自主形成飞行编队，并在编队飞行中保持稳定控制，在任务和环境发生变化时，进行编队重构、解散等动作；三是在编队成员出现个体通信中断时，进行自动应急处置；四是在多无人机执行分布式作战、协同作战及联合作战时，根据任务指令自动进行任务分配、管理和控制。

5.2 舰载无人机舰面控制站及应用

5.2.1 舰面控制站介绍

1. 舰面控制站组成

舰载无人机舰面控制站主要由系统控制站、飞行操纵控制站、任务载荷控制站、数据分发系统、中央处理器、数据链终端组成，如图 5-4 所示。其中系统控制站负责在线监视系统的具体参数，包括无人机状态参数、显示飞行数据和告警信息等；飞行操纵控制站主要通过人机交互功能为飞行控制人员提供操纵杆控制、指令输入、飞行参数显示、航路规划、飞行视角显示等服务，为实现无人机飞行控制提供保障；任务载荷控制站用于控制无人机携带的传感器、通信、侦察、作战载荷等设备；数据分发系统用于分析和解释从无人机回传的各类图像、视频、数据等信息；数据链终端包括发送上行链路信号的天线和发射机，捕获下行链路信号的天线和接收机，主要用于给无人机和任务载荷发送命令，同时接收来自无人机的状态信息和任务载荷数据；中央处理器为一台或多台计算机，用于处理显示、分发无人机各种数据，确认任务规划并上传至无人机等。

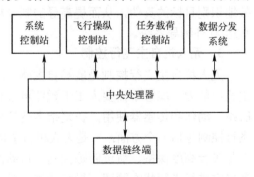

图 5-4 舰面控制站组成结构示意图

以"火力侦察兵"无人机为例说明国外典型舰载无人机舰面控制站基本情况。"火力侦察兵"无人机舰面控制站由诺斯罗普·格鲁曼公司负责设计、建造和集成，由飞行姿态控制系统、机载设备控制系统构成，共有 4 部 ARC-210 型 UHF/VHF 电台，组成元件包括 ARC-210 无线电接收装置、战术通用数据链、UAV 通用自动回收系统以及相应的战术控制系统软件、数据链控制处理机软件。无人机在舰面控制站两名工作人员操控下，在舰艇为中心的 150 海里范围内进行情报收集、监视、侦察和目标导向，利用红外传感器和光电视频给指挥官一个清晰、实时的战场态势图。该系统可使海军和陆战队的武器利用精确目标定位或激光指示器进行精确目标打击。两名控制站操作人员主要负责监视无人机位置、方向和传感器方位，制定航路规划和任务载荷使用计划，并根据作战任务随时调整飞行姿态和航路。

2. 舰面控制站功能

舰面控制站的主要功能有几个方面：一是飞行前对无人机的飞行航路和任务进行事先的设计和规划，并在飞行过程中实时监控无人机的飞行情况；二是能够根据需要操纵无人机调整姿态和航路，及时处理飞行中遇到的特殊状况，以保证飞行安全；三是对机载的任务载荷进行操控，以确保侦察监视打击等任务的顺利完成；四是完成无人机状态信息、任务信息、航路信息、侦察及态势信息的显示、存储、处理和转发等工作。

其中任务规划和指挥是指无人机任务规划人员根据任务要求，结合空域、气象、威胁等方面的信息和数据，为无人机的飞行和完成任务规划出合理的飞行航线，以及对载荷和链路工作状态的规划。同时在无人机飞行过程中，还要根据实际情况指挥调整无人机的飞行和任务状况，完成对无人机及其载荷、链路的重规划。

飞行状态监视和操控是指无人机飞行操控人员通过显示系统了解和监视无人机的飞行状态，并根据现实情况通过控制站的操控杆、指令面板等设备对无人机实施人工或指令操控，以保证无人机的飞行安全和任务顺利实施。

任务监视和载荷操控是指无人机载荷操控人员通过显示设备掌握无人机的任务执行情况，观察目标区域的回传信息，了解无人机各种载荷的工作状态，并根据任务需要，通过站内的载荷操控设备对无人机载荷的工作状态，包括多孔径雷达开关机、电视摄像机镜头移动、通信链路的连接情况、攻击载荷的投放等进行调整和控制，确保任务顺利完成。

信息显示、存储、处理与分发是指控制系统将无人机回传的飞行和任务状态数据、传感器信息实时处理、存储、显示和分发的过程。通过该功能操控人员可以根据各类实时显示数据对无人机进行精确及时的控制。

3. 舰面控制站人员配置

舰面控制站的各项功能是在操控人员和控制站设备的配合下完成，对于典型的舰面控制站来说，通常需要配置飞行操控员、载荷操控员、任务规划员和链路监控员等。其中飞行操控员负责在无人机起飞、巡航、任务执行、降落等全过程监视无人机状态，并在紧急情况下进行人工干预和控制。任务载荷操控员负责操纵无人机机载侦察设备和作战载荷，完成作战任务。任务规划员主要负责对无人机飞行前的任务规划、飞行过程中的实时任务规划和整个任务过程的态势监视等。链路监控员主要负责对无人机的通信链路工作状态进行监控，并根据实际情况进行工作参数调整。

5.2.2 舰面控制站应用

舰面控制站的工作除了飞行监控最主要的就是无人机任务规划，该项工作是对无人机完成指定作战任务需要的航线、目标区域、战术动作、任务载荷运用方式进行设计和规划，通常包括设置无人机出动位置、确定任务目标、选择飞行航迹、配置任务载荷以及制定任务载荷的工作规划等。

如图 5-5 所示，开展无人机任务规划，首先需要明确规划空间的约束和目标。约束包括航路上可能的安全威胁、空域限制、气象条件影响、飞行时间节点、航程限制、油料使用限制等。对于需要低空飞行的无人机还要考虑地形特点、海面浪高等因素可能出现的碰撞情况。明确威胁信息后，通过计算机辅助分析为无人机设计一条安全、高效完成任务的航路。在初步航路规划的基础上，根据任务要求对无人机的战术动作、任务载荷运用方式、数据链工作状态和参数设置进行规划，并进一步形成完整的精细航路规划。对于多架无人机，任务规划则要根据整体任务及参加作战的无人机的数量、载荷类型等，对各架无人机进行任务分配并为无人机编队设计整体飞行航路。完成上述工作后，依托系统对制定的任务规划进行仿真分析评估，并在评估的基础上进行针对性调整改进，完成任务规划修订后就可以进行数据输出、装订，并最终由无人机执行。

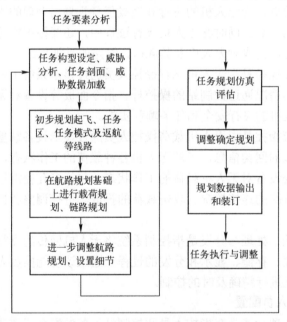

图 5-5 无人机任务规划运用流程

从无人机任务规划运用流程中可以看出，航路规划是无人机执行各项任务的基础。在海空环境日渐复杂的现代作战形势下，为确保无人机能有效避开各种威胁、顺利到达目的区域并完成指定任务，要求制定的航路规划更加严谨和科学。制定航路规划一般分为飞行前航路规划和实时航路重规划两个阶段。飞行前航路规划是指在无人机起飞前根据已知的战场环境威胁和任务要求，通过计算机辅助决策制定的最优航路的过程。实时航路重规划是指在飞行过程中，由操控人员根据无人机传感器、通信链路反馈的现场环境、突发情况、作战任务等变化，对预定航路进行实时修改的过程。

无人机航路规划的分析、计算和最优路线生成基本都由航路规划系统完成，这些工作包括三个步骤：一是给出航路规划的任务区域，确定地形信息、威胁分布以及无人机性能参数等条件；二是采用航路规划算法，生成满足所有约束的、从起点到终点的一系列航路；三是对生成的航路进行优化处理，满足无人机的最小转弯半径、飞行高度、飞行速度等约束条件。

5.3 舰载无人机任务载荷及运用

5.3.1 任务载荷介绍

舰载无人机任务载荷根据执行任务的性质分为侦察监视类任务载荷和战斗攻击类载荷。

1. 侦察监视类任务载荷

舰载无人机侦察监视类载荷包括前视红外设备、合成孔径雷达、电视摄像机、无线声呐浮标、辐射检测系统等。

前视红外设备是通过探测目标的红外辐射，将目标的红外图形转换成可见光图形发现并获取目标参数的监视设备。它能够在黑暗环境下工作，不会被假目标和伪装欺骗。

合成孔径雷是通过向目标区域持续发射电磁脉冲，然后接收来自目标区域回波信号并进行分析处理成像的雷达监视设备。它在夜间和恶劣气候时能有效工作，能够穿透云层、雾和战场遮蔽以高分辨率进行大范围成像。由于可采用轻型天线和紧凑的信号处理装置，加上成本较低，中小型无人机也可以安装。

电视摄像机是通过视频拍摄目标区域并转化为数字信号进行实时图像显示的设备，主要用于探测、监视、识别空中及水面目标，跟踪目标，提供目标俯仰、方位信号以及观测射击弹着相对目标偏差等任务。在对海上低空目标进行跟踪时，由于采用被动方式工作，抗干扰能力强，隐蔽性好，图像直观逼真，精度高，易于识别。由于各类侦察监视载荷各有其优缺点，因此为了完善无人机侦察探测能力，一般都采用多探测转塔将多个载荷进行综合集成使用。

航空声呐浮标一般为无线声呐浮标，是一次性使用的消耗性器材，主要组成包括无线电天线、超高频无线电发射机、声信号放大器、声呐基阵、海水电池等。工作原理是当将浮标空投入水后，其天线自动伸出水面，基阵沉入水中，电池供电，浮标开始工作。浮标收到目标信号后，经放大处理变为无线电信号向空中发射，供无人机接收和处理。航空声呐一般重 3~8kg，最大 30kg，直径 10~20cm，高 50~90cm，最高 150cm；基阵有线列式和展开式，可到达水下数十米至几百米，其作用距离主动式为 1.5n mile 左右，被动式为 1~5n mile；监听距离根据无人机飞行高度而定，一般高度 150m 时监听距离为 18km，600m 时为 37km，1500m 时为 135km，工作寿命 15min~15h。

舰载无人机上装备的用于辐射检测的任务载荷可用于执行海上遭遇核事件时的侦察检测任务。2013 年初，美国桑迪亚国家实验室研制出一种辐射探测系统"收获者"，可装备在无人机上用于探测空气中的辐射，从而避免其危及飞行机组人员。该系统可用来探测核武器爆炸,可以引导无人机飞到已经出现伽马辐射的核爆炸地点进行检测,也可以用来检测核反应堆事故产生的影响。

2. 战斗攻击类载荷

战斗攻击类载荷一般包括激光制导武器、联合直接攻击弹药、小口径炸弹、低成本自主攻击系统等。

激光制导武器是攻击型舰载无人机使用的新型战斗载荷,包括激光制导导弹、激光制导炸弹以及激光制导炮弹,可以用于攻击敌中大型舰船或陆上重要目标。比如洛克希德·马丁公司生产的激光制导 AGM-114P 型"海尔法"导弹,视野为 90°,攻击范围大,发射高度为 8000m,发射时飞机无须降低高度,从而减小了被击毁的危险。目前装备该武器的舰载无人机有"火力侦察兵"MQ-9B 等。

联合直接攻击弹药(JDMA)是 20 世纪 80 年代美国实施的"先进炸弹系统"计划更名发展而来,是在美国现役航空炸弹基础上加装不同类型制导和控制组件研制而成,其最大投放距离为 15km,加装导引头后,误差概率可达 3m 以内。

小口径炸弹(SDB)是美国波音公司研制的一种小型制导炸弹。该炸弹采用硬目标灵巧引信,可以在穿透目标后爆炸,弹头为双锥形,在接近目标时,为增加炸弹末速度,活动尾翼套件可以抛放。SDB 气动布局细长,能够穿透 1.8m 厚的混凝土,在 12000m 高度投放时,飞行距离可达 45km。

低成本自主攻击系统(LOCCAS)是洛克希德·马丁公司为美国空军和陆军研制的一个联合项目,是一种小型、有翼的灵巧弹药,可在战场上空待机飞行,其携带的激光雷达导引头可对目标进行探测和测距,并进行自动识别和攻击。该系统具有成本低、可攻击移动目标、可内置挂载等特点。

5.3.2 任务载荷搭配

由于舰艇平台的限制,舰艇所能携带的无人机数量受到限制,因此一般采用标准化、模块化的任务载荷以及通用的信息处理设备。对于舰载无人机来说,通常也是根据每次任务需求和载荷的重量选择携带相应的载荷。小型舰载无人机由于载重限制,一般只携带侦察探测和通信链路类载荷;而具备独立作战能力的舰载无人机则需要携带侦察探测、通信以及战斗类多种载荷。按照这个原则,下面分类介绍任务载荷的搭配运用。

1. 执行侦察监视任务的载荷搭配

执行侦察监视任务的无人机,通常配置的任务载荷包括光电监视/瞄准装置和可见光相机等。光电监视/瞄准装置是把电视摄像机、红外热像仪和激光指示/测距器等三个部件以共轴形式安装在光电稳定平台上。其中,电视摄像机的功能是提供目标的可见光图像信息,白天可用;红外热像仪提供目标的红外图像信息,夜晚可用,激光指示/测距器则提供目标的距离信息。

2. 执行协同反潜任务的载荷搭配

在目标搜索打击任务构型中,无人机通常配置的任务载荷包括电视摄像机、多孔径雷达、航空声呐浮标、航空鱼雷、反潜深弹等载荷。

3. 执行对空作战任务的载荷搭配

在目标搜索打击任务构型中,无人机通常配置的任务载荷包括光电监视/瞄准装置、雷达侦察干扰载荷、空对空导弹等。

4. 执行对海/对陆作战任务的载荷搭配

在对海/对陆作战任务构型中，无人机通常配置的任务载荷包括激光目标指示器、红外热像仪、电视摄像机、合成孔径雷达装置、空对地导弹、空对舰导弹、反辐射导弹以及常规炸弹等载荷。

5. 执行电子战任务的载荷搭配

在电子战任务构型中，无人机通常配置的任务载荷包括反辐射导弹、雷达侦察干扰载荷、通信侦察干扰载荷。

6. 执行作战保障任务的载荷搭配

在作战保障任务构型中，无人机通常配置的任务载荷包括红外热像仪、电视摄像机、合成孔径雷达装置、海上救生设备、核生化侦察载荷等。

5.3.3 任务载荷运用

无人机任务载荷运用有两种模式：一种是人工操控模式，即舰面控制站中的载荷操控员通过载荷操控设备控制任务载荷工作；另一种是自动控制或半自动控制。下面以无人机执行侦察监视、察打一体任务为例介绍其任务载荷运用的流程。

1. 执行侦察监视任务的载荷运用

对于执行侦察监视任务的无人机来说，在到达任务区域后，任务计算机按照预先规划数据或指令生成侦察载荷的工作指令，包括开关指令、工作参数等。可见光相机对预定区域进行侦察，光电监视/瞄准装置进行监视，并将侦察信息通过传输系统回传至舰面控制站。舰面控制站根据视频或图像信息，进行侦察任务评估，决定是否再次进行侦察监视。任务结束后，无人机按照预定航线返航、下降、着陆。在执行侦察监视任务时，为了获得更好的侦察监视效果，载荷操控员可以要求飞行操控员控制无人机下降到适当高度，任务结束后，再爬升到巡航高度。在人工操控侦察时，载荷操控员要适时操控侦察载荷转动、变焦、调焦，以尽可能获得清晰的图像照片，从而更有利于发现和跟踪目标。

2. 执行侦察打击任务的载荷运用

对执行空对地或空对舰攻击任务的无人机来说，到达任务区域后，任务计算机按预先规划数据或指令生成侦察载荷的工作指令，控制侦察载荷搜索目标，同时将视频图像实时传回舰面控制站。载荷操控员发现可疑目标后，任务计算机根据操控员的指令，通过飞控系统控制无人机绕目标盘旋，以便更好地进行目标识别和确认。载荷操控员可将可疑目标上报指挥员，由指挥员决定是否开始攻击。当指挥员决定攻击后，载荷操控员通过控制光电监视/瞄准装置跟踪、锁定目标，任务管理计算机进行指令解算，并通过飞控系统控制无人机调整飞行姿态和高度。当无人机满足发射条件时，开始人工或自动控制机载武器对目标进行攻击。攻击完成后，无人机回旋机动进行目标毁伤评估，操控员根据评估结果决定是否再次进行攻击或撤出。对于激光制导导弹来说，无人机在发射武器后，载荷操控员还要控制激光指示器继续为其提供目标指示，以确保命中目标。

5.4 舰载无人机数据链及运用

舰载无人机数据链是指无人机与舰面控制站、卫星之间传输控制指令、监控信息和任务数据的通信通道和设备的总称，是连接无人机与舰面控制站的信息渠道，对于无人机的安全运行和作战效能有决定性作用。本节主要针对无人机数据链的功能组成和运用方式进行介绍。

5.4.1 数据链介绍

1. 数据链功能

无人机数据链包括上行数据链路和下行数据链路。上行数据链路主要传输舵机控制指令、数据注入指令以及数据链控制指令。其中舵机控制指令通常是在无人机弹射起飞、着舰或紧急规避、临时机动等时机使用，目的是通过改变无人机舵机位置信号调整无人机的飞行姿态、航路以确保其安全飞行，最常用的控制指令为 PWM（脉宽调制）信号；数据注入指令在需要调整、改变或增加任务内容时使用，内容包括航线、节点调整，任务载荷控制等信息；数据链控制指令是指改变数据链工作频段、更改数据链连接终端、停止或重新开启数据链等指令。下行数据链路主要传输状态数据、传感器数据、定位数据。其中状态数据包括飞行控制系统状态、无人机舵面姿态、油量、数据链工作状态等参数；传感器数据是指无人机通过各种侦察探测设备获得的任务目标数据，包括视频、图像数据，由于数据量大，刷新率快，在传输前需要压缩编码，在发送至舰面控制站后再进行解压恢复；定位数据是指无人机的位置信息，包括经纬度、高度等数据。

2. 数据链路组成

无人机数据链按照传输距离分为视距数据链和卫星中继超视距数据链。视距数据链采用 C 波段和 UHF 波段，用于视距范围内无人机的各类数据传输；卫星中继超视距数据链通常采用 Ku 波段卫星通信链路，用于完成超视距范围内无人机各类数据传输。两种链均包括机载数据终端和舰面控制站数据终端设备。机载数据终端设备主要包括信号接收机、发射机、调制解码器和天线，其功能是接收舰面数据终端发送的遥控指令信号，解调输出遥控数据给飞控计算机、任务计算机，同时接收无人机遥测数据和任务载荷采集的视频、图像等信息，经压缩编码后发送至舰面数据终端。舰面数据终端设备同样包括信号接收机、发射机、调制解码器和天线，其主要功能是对舰面控制站控制指令进行编码、调制，通过上行链路发送至无人机，同时接收无人机飞控计算机和任务载荷下传的遥测信息、任务载荷数据，经解码后输出至舰面控制站显示屏上供操控人员了解无人机及任务状态。

5.4.2 数据链运用

1. 数据链工作方式

对于无人机来说，可以根据使用需求在无人机与无人机、无人机与有人机、无人机与舰面控制站之间建立数据链连接以实现信息的传输交换和处理。一般数据链工作方式包括点对点数据链和网络数据链。点对点数据链是指在两架无人机之间或者在无人机与中继站（机载、陆基、舰载战术数据系统以及卫星等）之间建立数据链接，主要包括无人机之间的数据链、无人机与中继站之间的数据链、无人机与舰面站之间的数据链；网络数据链是指在各无人机上安装数据链，且彼此之间组成网络，从而实现相互通信、数据交换的功能。使用网络数据链，无人机与舰面控制站以及其他平台指挥系统之间可以通过数据传输、信息交换实现信息资源共享，从而使无人机集群作战、协同作战、联合作战成为可能。

2. 美军舰载无人机数据链应用

战术通用数据链（TCDL）是美军与北约专门针对无人机等小型平台开发的通用宽带数据链，TCDL 是在 CDL 的基础上发展而来的，该数据链克服了重量、体积、功耗及成本等设计问题，可以更高效地为有人机与无人机之间，无人机与舰艇平台之间提供安全、交互的宽带数据传输。MQ-5"猎人"舰载无人机采用的就是 TCDL 数据链，使用 Ku 频段、点对点方式组网，主要用于无人机雷达、传感器与舰艇之间的信息传输。

高完整性数据链（HIDL）是由 CDS 公司和 Ultra Electronics 公司专门为北约海上无人机计划而设计的一种用于舰艇与无人机之间传输信息的稳健型数字数据链。HIDL 有助于操作员安全控制无人机在舰船上起降，并可向海军舰船和其他地面终端传递传感器图像及数据。HIDL 使用 UHF 波段，广播方式组网，可以支持同时控制至少两架无人机，作用距离最高为 200km。该数据链已在美军"火力侦察兵"无人机上使用。

5.5 舰载无人机发射和回收

5.5.1 垂直起降无人机发射与回收

1. 垂直起飞

由于无人机具备垂直起降能力，无人机依靠自身旋翼旋转和发动机推力的作用，直接提高升力和飞行高度离开母舰。

2. 短距起飞

具备矢量发动机的垂直起降无人机或倾转旋翼类固定翼无人机可利用大推力失速飞行的特点进行短距起飞。起飞时，无人机在跑道起点位置固定，旋翼或矢量喷口倾转至与甲板成 30~45°角，机翼襟翼偏转至最大升力状态，发动机油门置于最大位置。起飞准备完毕后，打开固定止锁，无人机在自身推力和机翼升力作用下迅速加速，当机翼升力和旋翼向上的拉力达到一定值之后开始离舰升空。无人机起飞后，舰面控制站操控人员根据无人机速度和姿态情况自动调整旋翼和矢量喷管角度，最终转入正常飞行状态。

3. 垂直降落

无人机进行垂直降落时，首先通过着舰引导系统或舰面控制站人工操控方式，从侧方位进入母舰起降平台上方；随后通过机上传感器确定母舰的航速、摇摆程度和位置信息，并与母舰保持相同航向和航速，同时逐步降低高度，当无人机起落架触及飞行甲板时，舰面控制站操控无人机发动机降速停机。

4. "火力侦察兵"无人机着舰

美国"火力侦察兵"无人机属于垂直起降舰载无人机，采用类似有人直升机方式进行起飞和降落,并通过 SNC 公司开发的"无人机通用自动回收系统"(UCARS-V2)和"轻型鱼叉"着舰辅助系统完成。UCARS-V2 主要由舰载雷达跟踪分系统和机载应答器分系统组成,用于为无人机提供昼夜全天候自动降落和起飞保障;"轻型鱼叉"着舰辅助系统由无人机底部的"鱼叉"锁紧机构和舰艇飞行甲板上的直径 2.5m 金属格栅组成。在舰艇横摇±8°、纵摇±2°的情况下,可以为无人机着舰快速系留提高保障。在这两个系统的辅助保障下,"火力侦察兵"降落回收过程分为两个阶段。第一阶段为着舰引导过程:当"火力侦察兵"结束飞行任务返回母舰时,无人机会在军舰后方盘旋,等待降落信号,在收到降落信号后,无人机通过机上的传感器确定军舰的航速、纵摇、横摇以及位置来确定用合适的方式降落,然后按照预先设定程序自动降落。第二阶段为着舰系留过程:当无人机着舰时,"鱼叉"向下伸出,当起落架触及飞行甲板时,"鱼叉"前端插入蜂窝状格栅孔中,随后弹出横销将无人机锁定。

5.5.2 固定翼无人机发射与回收

1. 发射架起飞

无人机从发射架上起飞一般是借助固体火箭助推器实现。火箭助推发射装置由装有导轨的发射架、发射控制设备和车体组成,发射时,首先起动无人机发动机并达到起飞推力,随后点燃固体火箭助推器使无人机沿导轨加速弹出。无人机离开导轨后,火箭助推器继续工作,直至无人机达到稳定飞行速度后自动脱落。由于火箭助推发射时,无人机要承受大于 $10g$ 的加速度,因此机上的设备要进行加固处理,防止发射时损坏。

2. 弹射起飞

对于设计有飞行跑道的海上大型平台,一般常规固定翼无人机可采取滑跃或弹射起飞方式起飞。舱面弹射起飞是利用母舰弹射器将无人机沿着弹射轨道拖拽投射出去的起飞方式。弹射前,操纵人员要将无人机前起落架的弹射杆与弹射器的往复运动滑块连接在一起,随后起动弹射系统,无人机在弹射器运动滑块的推动下沿着轨道加速推出,无人机离舰后,舰面站人员通过调整油门、俯仰角及襟翼偏转角度等方式控制无人机继续飞行。

3. 滑跃起飞

无人机部署在具备滑跃甲板的海上平台时,一般通过滑跃方式起飞。即依靠自身动力在母舰飞行跑道加速滑跑,加速期间机翼襟翼偏转至最大升力状态,发动机油门置于最大推力位置,然后经舾斜甲板离舰。由于斜甲板存在一定的弧度,在其抛射作用下无人机在离舰时可以获得较大的升力和向上的垂直速度,有利于实现离舰稳定飞行。

4. 阻拦索着舰

借助着舰系统,通过阻拦索降落的无人机,首先在舰面控制站的操控下按照一定高度和俯仰角度进入降落方位,随后放下起落架,偏转襟翼及副翼,以最大升力方式下降高度。在母舰助降装置的引导下,无人机根据系统发送的参数进行对中,并不断调整下滑姿态和速度,在即将进入跑道前,无人机按照程序放下阻拦挂钩,随后触地,挂上阻拦索降落。

5. 其他方式投放和回收

母机投放是由有人驾驶飞机把无人机带至任务区域外,在适当的时机投放起飞的方法，无人机一般在有人机机身内或机翼下安装。

水上降落是指具备水上航行和起降能力的无人机采用海面滑行降落的方式。降落过程与陆上飞机着陆基本一致。首先通过舰面控制站的控制，由巡航飞行转入人工控制，操纵人员通过控制油门使无人机高度和速度降低，同时机翼襟翼偏转至最大升阻力状态；当无人机降低高度至接触海面后转为水上滑行，随后在海面阻力的作用下缓慢停止。水上降落的无人机，一般通过打捞回收或者绞车起吊等方式转移至舰艇平台或舱内。

阻拦网回收是指无人机降落时，达到一定速度和高度后，直接撞到阻拦网上回收的方式，目前大多数小型固定翼无人机采用这种回收方式。阻拦网系统由阻拦网、能量吸收装置和自动引导设备组成。能量吸收装置与阻拦网相连，用于吸收无人机撞网的能量，使无人机触网后不至于反弹损坏。自动引导设备一般是置于网后的传感设备，在无人机返回着舰时，通过实时反馈无人机的飞行姿态和速度，辅助操控员修正无人机飞行路线和姿态，确保无人机能够准确安全触网。

6. X-47B 舰载无人机起飞与着舰

X-47B 及"黄貂鱼"无人机在航母上采用弹射器弹射起飞，并通过阻拦索和"联合精确进场与着舰系统"（JPALS）完成降落。JPALS 是美军新研制的舰载机进场和着舰系统，可以同时供无人机和有人机使用。该系统采用 GPS 和数据链技术，相对以往的"精确进场与着舰系统"增加了差分 GPS 来补偿舰艇的运动。该系统还采用双向低截获率数据链技术，使舰载机的进场引导与着舰更安全，精度更高。"联合精确进场与着舰系统"将取代现役航母的海上战术空中导航系统和 AN/SPN-46 雷达，为舰载有人机及无人作战飞机提供进场和着舰引导。

第6章　舰载无人机作战应用综述

自20世纪60年代越南战争，至20世纪90年代开始的海湾战争、伊拉克、科索沃、阿富汗战争，无人机在战争中的应用已经从最初的侦察探测，扩展到了对地打击、通信中继、电子对抗、火力指引、战效评估、干扰欺骗等各个方面。同时舰载无人机在海战中的应用也开始崭露头角。

现代无人机的首次装舰是在1984年，当时美国海军在"关岛"号两栖攻击舰上装备了多架由以色列飞机有限公司制造的"猛犬"轻型无人侦察机。1987年起，美国战舰上又开始装备"先锋"无人侦察机。1991年海湾战争中，舰载无人机在实战中再次崭露头角。美国海军在"威斯康星"号和"密苏里"号两艘战列舰上配属了多架"先锋"舰载无人机。这些舰载无人机执行了大量的空中侦察、目标指示、战损评估等工作，并为战列舰上的406mm巨炮射击提供可靠的弹道校正。整个战争期间，美国海军共使用了40多架"先锋"无人机，执行过533次任务，取得了不小的战果。1999年科索沃战争中，以美国为首的北约再次动用了大量无人机，其中仅美国、德国与法国的无人机就飞行了约4000h。美军的12架"掠夺者"无人机，在战区上空昼夜不停地侦察与监视，为北约部队提供了大量实时的情报信息，同时它还担负投掷袖珍炸弹的任务。

进入21世纪后，随着自动控制、指挥通信、智能加工等技术进一步发展，无人机应用于作战领域更加广泛和深入。2017年12月，叙利亚反对派袭击俄罗斯在叙境内的赫梅米空军基地，造成至少7架飞机被毁，其中4架为苏-24、2架苏-35S、1架安-72以及1个弹药库，毙伤俄军10人。2018年1月驻叙利亚境内的俄军防空系统发现13架小型低速无人机接近俄军军事设施，其中10架飞近赫梅米空军基地，另外3架临近俄军在塔尔图斯港的补给设施。俄军防空和电子部队随后对来袭的无人机进行了拦截和打击，报道称来袭的无人机全部被拦截，其中6架被俄军无线电技术部队成功控制，其余7架全部被"铠甲-S"型防空导弹系统击落。这是无人机集群作战的首次报道，虽然作战任务最终以失败告终，但这种新的作战方式和相关创新技术迅速引起了各国的关注。

2020年1月，美军对伊拉克巴格达国际机场附近发动空袭，"暗杀"了伊朗圣城旅指挥官苏莱曼尼少将，MQ-9"死神"无人机执行了此次"斩首"行动。"死神"无人机是在MQ-1"捕食者"无人机的基础上研制的改进型号，改进后，该型无人机起飞质量更大，载荷种类更多。在这次行动中，美军利用线人、电子设备侦听、侦察机等多种途径和手段，准确获得苏莱曼尼情报信息，当其车队行驶至机场外机动车道时，无人机发射4枚激光制导导弹，其中2枚击中苏莱曼尼专车。这次由无人机执行的"斩首"行动颠覆了传统作战样式，对未来战争形态带来了新的变化和挑战。

2021年4月19日至26日，美海军在加州圣迭戈外海举行了为期一周的"无人系统集成战斗问题-21"（UxS IBP 21）演习。这是该军种首次举行涉及多个作战领域的有人-

无人系统大规模编组协同演习,也是其在 3 月发布"无人作战框架"后举行的首次大型演习,目的是在真实、复杂的任务场景中探索有人与无人系统如何在空中、水面和水下实现密切跨域协同。演习主要包括复杂的进攻性实弹发射演练、有人-无人协同情报监侦(ISR)演练以及有人-无人编组作战概念演练三个典型场景。其中进攻性实弹发射演练内容包括使用有人-无人协同杀伤链,引导 1 艘导弹驱逐舰发射 1 枚"标准-6"导弹,对模拟潜艇的水面目标(装有小型角反射器和信号转发器)实施超地平线精确打击,有效射程超过 400km。演练过程中,1 型天基系统负责对可疑海域实施广域监视,中型无人水面艇等负责搜索与跟踪,确定目标所在海域后由 MQ-9A Block 5 无人机从高空投放被动声呐浮标,机载"自动识别系统"(AIS)完成精确定位和目标识别,随即与巡弋的 P-8A 巡逻机和 MH-60R 舰载直升机建立数据链通信,并通过其他无人机搭载的"海军全球指挥与控制系统"(GCCS-M)完成超地平线瞄准,将相关信息传输至导弹驱逐舰,实现杀伤链闭环。图 6-1 是一架 MQ-9A 无人机在演习中的场景。

图 6-1 飞越独立级滨海战斗舰"科罗纳多"号的 MQ-9A 无人机

美海军在该场景中还完成了无人蜂群系统反舰能力演示。该演示使用 1 艘无人水面艇作为情报监侦平台,通过"电子支援手段"(ESM)将目标坐标等信息传输至舰队海上作战中心(MOC),并由信息战指挥官(IWC)生成火控数据,最终由水面战指挥官(SWC)核准并下达攻击指令,发射无人蜂群系统完成打击。

总结近年来舰载无人机和通用无人机在实战和演练中的应用情况,结合目前的发展趋势,可以预测今后舰载无人机作战应用主要集中在传统作战、协同作战、集群作战和联合作战四个方面。

6.1 传 统 作 战

有人机由于受飞行员生理承受强度影响,滞空时间、飞行高度以及机动载荷受到限制，而大型平台对于无人机更高、更长的滞空要求又必然促使这类矛盾进一步增加。为解决这类问题，利用无人机超长滞空、无人化等优势，参与执行情报侦察、电子对抗、目标指示、中继通信、特种作战、战场保障等任务是当前乃至今后很长时间的必然选择。

6.1.1 情报侦察

水面舰艇受自身通信探测设备、天线高度及地球曲率半径的影响，其探测范围存在明显局限，尤其是低空和超低空领域存在严重的漏洞。而舰载无人机不仅可搭载电视摄像机、前向红外传感器、激光指示器、合成孔径雷达等多种传感器进行超低空侦察监视，还能够与各种舰载、机载的光学、红外、雷达、电子侦察、水声设备和数据链、信息网络系统相链接，从而极大克服以往各种作战平台探测系统存在的不足，扩大水面舰艇编队的探测和控制范围，为实施远距离精确打击和规避袭击提供新的手段。

利用舰载无人机进行情报侦察常见的应用场景有：一是当我方警戒探测设备存在盲区或无法全时保障的情况下，在可能出现敌超低空巡航导弹、飞机的区域，利用长航时隐身无人机前出进行探测，及时发现和摧毁目标，实现远程防御；二是在可能存在水下威胁的海域利用无人机隐蔽布放声呐浮标进行探测，发现水下武器威胁及时进行定位和摧毁，或通过数据链协同其他平台进行打击；三是利用无人机远程监视功能，充当水面舰艇千里眼，用于准确探测和跟踪目标；四是在陆上黑暗环境，海空核生化威胁区域或恶劣条件下（沼泽、雪山、沙漠、大风浪、沙尘暴、高空云层遮挡等），当现有设备无法满足需求时，可以派出无人机使用机载红外、光电摄像，雷达等设备进行抵近侦察、目标侦别。

6.1.2 电子对抗

当前海上作战电磁环境越来越复杂，电磁控制权已成为争夺的热点，电子干扰、压制成为海上作战不可或缺的重要组成部分。舰载无人机通过机载设备，可对敌方释放干扰，对敌方防空雷达、指挥通信和电子设备进行扰乱破坏，掩护己方有人机实施突防和低空打击。

无人机可搭载有源干扰机，在战前或战争中担负电子压制和干扰的任务。无人机升空进行干扰，可扩大干扰距离、增强干扰效果，使敌方防空信息网视听混淆、判断出错，从而达到压制其防空系统的目的。无人机飞临敌上空或附近空域进行干扰时，可对预设频率实施干扰，也可利用机上设备进行实时侦察干扰。

执行电子干扰任务的无人机，通常在对敌方重要设施和目标实施攻击前，先于己方攻击编队 3～5min 到达干扰位置，对敌方目标附近的雷达等电子情报系统、指挥机构实施有力的电子干扰，形成电子屏障以掩护己方攻击机群的战斗行动；也可伴随己方有人攻击机或无人攻击机编队一同出击，实施有效的干扰来掩护攻击机编队作战。

无人机还可搭载角反射器、龙伯透镜等，以增大雷达截面积；可装载视频放大器，增强雷达反射信号；也可对无人机作特殊设计，再配上适当的电子设备，模拟有人驾驶飞机雷达发射特征的信号，或转发对方雷达信号，吸引对方预警系统，实施诱骗。

6.1.3 目标指示

水面舰艇作战的短板在于舰艇本身获取战场情报的手段及作用距离有限，难以获得较完整的战场信息，导致舰载导弹难以发挥其最大性能；而依靠卫星或舰载机提供目标信息又存在着不能随机指定目标区域、不能实时接收、不能获得连续及系统的情报、目标信息精度不够以及需要考虑机载人员安全等问题。为了解决这个问题，现代海战开始引入无人机这一新兴作战力量。

无人机可为舰艇炮火和导弹选定攻击目标，测定目标参数，协助舰载火控系统计算射击诸元，进行目标分析；还可用激光目标指示器照射目标，协助激光制导武器进行精确制导。攻击过后，可测定弹着、校正参数、检查目标的毁伤程度。利用无人机还可转发情报、通信、导弹控制指令等信号，满足现代海战作战区域对信息传递、指挥控制、导弹攻击的要求。

6.1.4 中继通信

舰载无人机具备长航时、远距离飞行能力，其本身就具备良好的通信能力。无人机通过携带通信中继设备，可有效弥补海上卫星通信在数量、范围、频带、波段流量上的不足，极大提高海上舰艇编队的情报获取、分发能力和指挥协调的频率。利用无人机进行空中中继通信，可通过为卫星通信上行链路提供备选链路、直接与陆基终端链接或在威胁范围外与卫星链接，降低实体攻击和噪声干扰的威胁，不仅能实时畅通战场前沿与后方之间的信息传输，还能为超视距攻击导弹提供指导服务，补偿导弹发射对目标信息精度的要求，从而改变导弹攻击模式，提高攻击效能。

比如美国针对太平洋地区开发的太平洋责任区中继通信作战概念模型，能够在卫星通信资源有限或受到干扰攻击时，为军方提供与卫星的通信链接。该中继通信系统使用无人机构建，工作在 55000 英尺高空，可提供与地球同步轨道卫星的链接，卫星定位在西经 151°，珍珠港、海军关岛基地，部分美国大陆，我国台湾地区东海岸 650n mile 的水面舰艇和航母战斗群都在其通信距离内。该中继通信系统，只需要三个空中中继平台便能够提供与卫星地面距离 4700n mile 的链接，为舰船、有人/无人攻击平台、高空情报侦察监视平台以及陆上力量提高通信能力。

6.1.5 特种作战

无人机执行特种作战主要包括三个方面：一是低烈度对陆打击和目标指示，二是配合其他兵力充当诱饵欺骗，三是前线突击作战。

所谓低烈度对陆打击是指敌防空力量薄弱或没有防空威胁的情况下，由无人机执行的对陆上时敏目标进行打击的行动。这种作战方式主要运用于取得制空权条件下的支援登陆作战、斩首行动、反恐作战等行动中。执行任务时无人机只需要携带必要的侦察载荷和轻型空地攻击武器即可，如轻型空地反坦克导弹、炸药等。此外无人机还可通过携带激光测距/指示装置为激光半主动制导的对地打击武器提供连续的目标照射和指示，引导攻击武器对时敏目标进行精确打击。

诱饵欺骗是指无人机携带能够模拟其他类型飞机电子特征的任务载荷在空中飞行，给对方的探测造成迷惑或假象的一种运用方式。这一方式的作战目的主要是两个方面：一是作为诱饵飞机，在敌方的防空前沿飞行，模拟战斗机的威胁，从而诱使防空雷达开机，使我方迅速掌握敌雷达频率和阵地位置，为后续反辐射打击提供目标参数；二是作为欺骗使用，先期使用无人机定时对敌进行侦察、骚扰活动（骚扰形式、活动规律、战术意图等），使敌形成潜在的条件反射，从而在心理防御、战术防御上逐步降低警惕，麻痹大意。当我方通过定期侦察基本掌握敌武器装备数量、位置、反应规律和人员部署后，在适当时机使用优势兵力对敌进行毁灭性打击。比如俄乌战争中，双方在黑海敖德萨港附近区域进行军事对峙期间，乌克兰及北约利用无人机对俄军舰进行了频繁的侦察、试探动作，之后利用夜间警戒松懈的契机，从其他方向对"莫斯科"号进行了导弹袭击，并一举命中。该次冲突中袭击方使用的就是无人机欺骗战术。

前线突击是指利用无人机配合舰艇编队、飞机等在敌方封控区或攻击目标空域进行突击，主要目的是消灭、牵制部分优势兵力，提前摧毁部分敌方武器、指挥所、弹药库等重要目标，为后方部队扫清进攻障碍。使用无人机进行前线突击作战，重点在于达成作战目的，可以牺牲部分无人力量以换取主力快速歼敌。

6.1.6 战场保障

无人机执行战场保障任务一般包括两个方面：一是所在环境对人员可能造成危害但不影响无人机正常运行，比如清扫航道障碍、消防救援、防核化洗消等任务；二是所执行的任务内容单一、耗时较长、人力成本较高，比如后勤物资转运、海上搜救等方面。这里以清扫航道、物资转运为例进行介绍。

1. 清扫航道

随着水中武器的不断演变发展，水雷的破坏威力、被发现和清除的难度也越来越大。而采用传统的扫雷方式进行清除，不仅解决不了问题，还可能酿成更大人员伤亡和战场悲剧。为了破解这一难题，各个国家开始考虑使用直升机和舰载无人机搭载扫雷设备进行扫雷。由于扫雷无人机体积小，结构紧凑，一艘扫雷舰艇可以携带多架无人机对可疑海域进行扫雷，因此效率更高。海湾战争中，美军就曾使用"先锋"无人机利用机载探测系统对相关水域的水雷进行识别和定位，为扫雷舰队提供情报支持，战场效率大大提升。

2. 物资转运

舰艇执行作战任务时由于时刻面临敌空中、水下威胁，后勤物资运送问题一直以来是作战保障的难点。在这种形势下，继续采用传统的补给和保障方式，已经无法有效满足作战需求。舰载无人机由于具备一定的预警探测、隐身自卫能力，加上其长航时、环境适应性强等特点，可以作为传统补给和运输方式的补充手段。对于垂直起降舰载无人机来说，部署于水面舰艇之后，执行战场后勤物资保障可以承担以下运输任务：为空中有人机提供加油服务，为海上救援行动提供设备投放、人员营救服务，为失事船艇提供关键备件和急需物资服务，为两栖登陆兵力精确投放生活物资和弹药补给服务等。

6.2 协同作战

无人机协同作战的理念是在现代系统论中"群体涌现性原理"的基础上发展而来的，最初的协同作战构想率先由美国空军实验室提出，其后又进一步被扩展和深入。无人机协同作战核心思想是指在充分发挥各自优势的基础上，无人机通过与其他力量的协同运用发挥出大于各自为战的作战效能，从而扩展和提高无人机编组执行各类任务的能力。舰载无人机协同作战按照协同对象的不同可以分为多无人机协同作战、有人/无人机协同作战和舰机协同作战三种类型。

6.2.1 多无人机协同作战

多无人机之间的协同主要体现在协同侦察/搜索、目标跟踪、协同对地攻击、协同空中拦截等方面。

1. 多无人机协同侦察/搜索、目标跟踪

协同侦察是由多架无人机组成任务编组，每架无人机各自配置 ESM、SAR、光电红外等不同传感器，分别对不同类型的目标进行探测，形成整个战场区域内的整合态势信息，为任务的执行提供广域、实时的侦察情报保障。执行协同搜索任务时，无人机需要根据外部环境、搜索目标和内部信息，按照最优搜索策略进行自主决策，同时根据观测到的新情况不断调整搜索行为，从而达到提高效率和精度的目的。

协同目标跟踪，即在执行任务时，任一架无人机对目标信息进行探测的同时，将自身的状态信息和目标信息通过数据链路传递给其他无人机的工作方式。采用这种方式执行跟踪任务可以解决单架无人机跟踪定位精度低、数据易丢失等问题，比如当一架无人机因为某种原因丢失目标时，另一架无人机可以继续保持对目标的稳定跟踪，同时及时修正丢失目标无人机的飞行姿态和目标数据，从而保证无人机跟踪数据的连续和准确。

2. 协同对地攻击

协同对地攻击是指由多架无人机编队对任务区域中的目标进行协同打击。编队内无人机可以携带不同的侦察设备，以提高目标侦察搜索的效率和准确性，确认目标信息之后，编队根据打击目标特性和无人机各自状态进行目标分配，然后进行协同打击。

3. 协同空中拦截

多无人机协同空中拦截是指利用多架无人机协同对空中目标进行拦截的作战方式。执行任务时由携带不同侦察探测载荷和武器载荷的多架无人机组成任务编队，少数大型无人机携带探测作用距离远的侦察载荷，在编队后方对目标进行远程探测，担任攻击拦截任务的无人机携带武器载荷隐蔽接敌，从而提高任务的成功率。

4. 相关研究情况

2014 年，DARPA 提出"拒止环境中协同作战"（CODE）项目。如图 6-2 所示，CODE 的目标是使配备 CODE 软件的无人机群在有人平台上任务指挥官的全权监管下，按照既定交战规则导航到目的地，协作执行寻找、跟踪、识别和打击目标任务。CODE 项目通过开发先进算法和软件，探索分布式作战中无人机的自主和协同技术，扩展美军现有无人机系统在对抗/拒止作战空间与地面、海上高机动目标展开动态远程交战的能力。按照该计划设定的预想，具备 CODE 能力即拒止环境中协同作战能力的无人机群，只需一名操作员即可指挥多架无人机，在通信和 GPS 信号均被干扰的拒止环境中，无人机还可以继续朝着任务目标前进，互相协调合作以适应正常环境。

图 6-2 CODE 无人机协同作战概念

CODE 项目分为三个阶段：第一阶段从 2014 年到 2016 年初，内容包括系统分析、架构设计和发展关键技术，完成系统需求定义和初步系统设计；第二阶段从 2016 年初到 2017 年中，洛克希德·马丁和雷神公司以 RQ-23"虎鲨"无人机为测试平台，加装相关软硬件，开展了大量飞行试验，验证了开发式架构、自主协同规划等指标；第三阶段从 2018 年 1 月开始，测试使用 6 架真实无人机以及模拟飞机的协同能力，实现单人指挥无人机小组完成复杂任务。

2018 年 1 月，洛克希德·马丁公司和雷锡恩公司领导的团队成功完成了该项目第二阶段的飞行测试任务。之后 DARPA 将第三阶段合同授予雷锡恩公司，进一步开发 CODE 的能力，并通过一系列飞行试验计划对其进行验证。2019 年 2 月在 Yuma 基地拒止环境中协同作战技术完成了最终验证。

6.2.2 有人/无人机协同作战

有人/无人机协同作战是将体系能力分散到有人和无人平台之上，通过体系内各平台之间的协同工作，一方面使作战能力倍增，另一方面利用无人机实现对有人机的保护，大幅提高体系的抗毁伤能力和鲁棒性。有人/无人机协同作战能够实现有人和无人平台之间的优势互补，分工协作，充分发挥各自平台能力，形成"1+1>2"的效果。在这种作战方式下，无人机直接接受有人机的指挥控制，实施联合目标确定、快速打击和动态评估等一系列作战。有人/无人机协同作战的模式包括协同制空作战、协同反潜作战、协同对陆作战等。

1. 协同制空作战

在复杂对抗环境下，利用多架无人机与有人机协同制空作战，有助于提高对空中优势目标的打击能力，协同制空作战时通常是有人机指挥多架无人机编队执行任务，主要有两种工作模式。

一种是无人机首先保持雷达静默，高速隐蔽接敌至武器作用范围内，随后有人机开启雷达对目标进行探测，并将目标信息通过数据链网络实时传输给无人机，无人机在获取目标数据后,发射武器对目标实施近距离精确打击。这种作战模式下,要求无人机具备高速、隐身及导弹攻击的能力,同时有人机具备远距离探测定位、数据链传输、机载控制等功能,一般为隐身战斗机、电子战机或空中预警机等。另一种是无人机前出在相对安全的高度对目标进行侦察探测和跟踪,当获取目标真实准确信息后,通过数据链将目标信息实时发送至有人机,再由有人机发射武器对目标实施远程攻击,有人机发射武器后,由无人机持续为武器提供目标指引和射击校正,以提高打击精确度。在这种模式下,要求无人机具备高速、隐身及侦察探测的能力,同时有人机具备远程打击、数据链传输、机载控制等功能,一般为远程轰炸机、战斗机等。

2. 协同反潜作战

有人/无人机协同反潜作战是指搭载一定数量反潜探测载荷的无人机,在有人反潜机的指挥和控制下协同对潜艇进行搜索攻击的一种作战模式。其方式主要包括两种,一种是有人/无人机按照应召反潜方式进行搜攻潜。反潜机根据受领任务情况、战场环境、水文气象条件和敌方潜艇信息等因素,引导无人机前出对潜艇实施大范围搜索,其所携带任务载荷包括红外传感器、光电传感器、化学传感器以及磁探仪等。在执行巡逻反潜任务时,无人机需要在敌潜艇可能经过的航线或区域持续、反复巡逻搜索,以对大范围海域进行持续监视,一旦发现潜艇踪迹,即可引导反潜机到达指定海域进行识别和攻击。另一种是有人/无人机协同使用声呐浮标进行搜攻潜。可先由反潜机根据任务性质、搜索海域形状、范围大小以及声呐浮标数量等因素,首先确定相应的阵型布设浮标,然后控制无人机对浮标进行持续监听,直至发现潜艇信号,再由反潜机布设主动定向浮标对目标实施精准定位,一旦接收到由声呐浮标发现的潜艇信号,就可以根据发送的信号确定潜艇的位置并实施攻击。

3. 协同对陆作战

有人/无人机协同对陆作战是指有人机指挥多架无人机编队执行分布式对地攻击的一种作战方式。每架无人机按照分布式任务分工,各自配置光电、红外、多孔径雷达等侦察探测载荷以及不同类型的对地攻击任务载荷,以解决单架无人机多功能、大载荷要求下设计制造成本高的问题。各无人机在有人机的指挥控制下组成一个功能完整的作战编组,按照分工完成目标探测、识别跟踪、攻击评估等任务。

4. 相关研究情况

2014年,DARPA发布体系集成技术和试验(SoSITE)项目公告。该项目目标是探索一种更新、更灵活的方式,将单个武器系统的能力分散到多个有人与无人平台、武器上,寻求开发并实现用于新技术快速集成的系统架构概念,无须对现有能力、系统或体系进行大规模重新设计。SoSITE项目计划运用开放式系统架构方法,开发可无缝安装,并能快速完成现代化升级的、可互换的模块和平台,使得新技术的集成整合更容易、更快速,进而实现空中平台关键功能在各类有人/无人平台间的分配,包括电子战、传感器、武器系统、作战管理、定位导航与授时以及数据/通信链等功能。

2017年,美军在SoSITE分布式发展思路的基础上,进一步提出了"马赛克战"的概念,更加强调不同平台之间动态协同,从平台和关键子系统的集成转变为战斗网络的链接、命令与控制。将各类传感器、指挥控制系统、武器系统等比作"马赛克碎片",通过通信网络将各个碎片之间进行铰链,形成一个灵活机动的作战体系,解决传统装备研发和维护成本高、研制周期长的问题。如图 6-3 所示为有人/无人机协同作战 SoSITE 概念图。

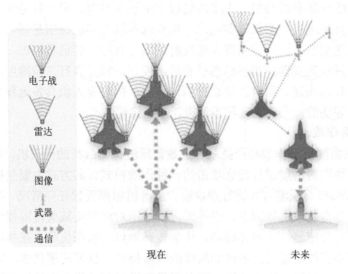

图 6-3 有人/无人机协同作战 SoSITE 概念图

6.2.3 舰机协同作战

舰载无人机部署于水面舰艇后，不仅可以独立完成侦察探测、对海搜索、对空作战等任务，通过与编队指挥中心协同作战，还可以进一步拓展水面舰艇编队协同防空反导、对海作战、反潜作战等方面能力。

1. 协同防空反导

协同防空反导是指水面舰艇利用舰载无人机空中探测距离远、方式多样、运用灵活等特点，对舰艇雷达探测范围外的目标进行侦察打击的一种作战方式。执行任务时舰载无人机携带预警探测设备和作战载荷升空，在舰艇编队附近空域进行持续侦察预警，当无人机发现可疑目标时，通过数据链及时将信息传送给水面舰艇编队指挥控制中心，指挥官通过无人机提供的信息进行指挥与决策，及时建立对空防御，并加强目标方向预警探测，必要时控制无人机引导编队舰艇武器系统对目标进行精确打击。

2. 协同对海作战

协同对海作战是指利用舰载无人机高空飞行、长航时等优势，协同对海上超视距目标进行侦察打击的一种作战方式。执行舰机协同对海作战时，无人机前出进行警戒探测，协同水面舰艇，重点对低空、超低空的目标进行探测。当发现可疑海面目标时，无人机前出抵近目标采用光电、雷达成像等手段进行识别、定位。当确认敌方目标后，可通过数据链传递目标信息，引导舰艇进行预先防御或导弹攻击。

3. 协同反潜作战

随着现代 AIP 潜艇、重型鱼雷以及射程达数百公里的潜射导弹的出现，反潜作战的范围及难度随之增加。在没有长航时和大范围作战半径的岸基固定翼反潜机支援下，仅依靠反潜直升机还很难达到预期效果；而无人反潜机由于可搭载油料和反潜设备更多，滞空时间更长等特点，是辅助或替代舰载反潜直升机的一种有效方式。执行舰机协同反潜任务时，无人机可携带机载搜潜设备起飞，在水面舰艇周边巡逻搜索，当发现敌方潜艇时及时进行预警并引导我方反潜作战力量攻击。对于载荷携带能力有限的无人机，即使不能携带多个声呐浮标或者相对复杂的搜潜设备，也可作为反潜支援力量，为反潜平台（如反潜直升机和水面舰艇）进行通信中继，及时将搜潜信息传输至后方，确保反潜作战的效率。

6.3 集群作战

6.3.1 集群作战概况

2018年8月，美国国防部发布了《无人系统综合路线图（2017—2042）》，其中将"集群能力"列为无人系统关键技术之一。从外军发展和应用态势看，无人机系统集群技术研究基本集中于无人机集群，原因是该应用具有组群平台成本低、可大量组网、覆盖范围大、使用灵活、抗损能力强等优点。随着机动组网、编队控制、自主协同等关键技术的不断突破，无人机集群将逐步具备对地、对海、对空的监侦和攻击能力，对未来航空装备体系构成和作战样式产生重大影响。

针对无人机集群作战，美国各机构都开展了相关技术研究，重点项目包括：美国空军研究实验室（AFRL）提出的"忠诚僚机"项目、美国海军研究办公室（ONR）提出的"低成本无人机集群技术"项目、美国国防高级研究计划局（DARPA）提出的"小精灵"（Gremlins）项目以及美国国防部战略能力办公室开展的"山鹑"无人机蜂群试验等。值得注意的是，无论是采用可移动单位发射还是使用舰载有人、无人机发射回收的无人机集群，都间接或者直接开创了将无人机集群应用于水面舰艇和海上平台的新思路。图6-4所示为通过空中机载发射的无人机集群场景。

图6-4　通过空中机载发射的无人机集群

1. "山鹑"（Perdix）微型无人机蜂群作战项目

2012年美国国防部战略能力办公室与空军合作，利用麻省理工学院林肯实验室的原项目开展快速装备技术创新，起动了"山鹑"（Perdix）微型无人机蜂群作战项目。

"山鹑"无人机的机身材料由凯夫拉合成纤维和碳纤维通过3D打印而成，其中机翼采用碳纤维材料，机身采用低阻力玻璃凯夫拉纤维，由锂离子聚合物电池供电。无人机被投放后同载具分离，降落伞、机翼展开，无人机减速降落，随后降落伞脱离，无人机发动机工作，转为自主调整飞行阶段。"山鹑"可在40m/s的速度下正常打开机翼，并在30m/s的风速中保持飞行姿态稳定，飞行过程中具备数据通信能力。该无人机还可由地面发射装置发射或通过地面人员投掷发射，未来将采用大量不可回收的部署方式。

Perdix项目从无人机研制、方案采纳逐步进入试验阶段。2015年6月，在"北方边界"演习中，利用F-16开展了一系列"山鹑"无人机空中发射与编队试验，战斗机共投放了72次"山鹑"无人机，进行了90次无人机行动。这次演习中第一次实现了20架"山鹑"无人机同时飞行试验，验证了无人机在空中相互通信并自主组成集群编队的能力。为进一步提高发射速度、数量，美国国防部战略能力办公室于2016年在美国海军航空系统司令部位于加利福尼亚州的中国湖试验场，成功完成了一次大规模的微型无人机"蜂群"演示。在演示中，美国海军3架F/A-18E/F"超级大黄蜂"战斗机从各自翼下的特殊吊舱内释放无人机，一共投放了103架"山鹑"无人机，集群间共享信息进行决策，相互协调行动，很好地展示了先进的群体行为和相互协调能力，如集体决策、编队飞行等。由于这种微型无人机可以躲避防空系统，用来执行侦察任务具有很大的优势，其未来目标是能够实现1000架"山鹑"无人机的批量生产，进一步降低成本，尽快投入实战。

2. "小精灵"（Germlins）项目

2015年8月DARPA宣布起动一项旨在开发可从运输机上发射和回收的廉价无人机集群的"小精灵"（Germlins）项目，计划从敌方防御范围外的大型飞机（C-130运输机、B-52/B-1轰炸机等空中平台）上发射具备自主协同和分布式作战能力的可回收的小型无人机集群，执行ISR、电磁战、网络战及可拓展性任务。该项目分系统设计阶段、技术成熟阶段和演示验证机飞行试验阶段，"小精灵"无人机将配备多种不同载荷，采用齐射方式，具有数量多、尺寸小、廉价、可重复使用等特点。该计划的第一阶段于2017年3月完成，验证了机载无人机发射和回收系统的可行性，最终戴内提克斯公司（Dynetics）和通用原子公司从4个竞争者中胜出进入第二阶段。第二阶段的目标是完成全尺寸技术验证系统的初始设计，该阶段于2019年4月结束，最终戴内提克斯公司胜出并进入第三阶段。其无人机类似于巡航导弹构型，而空中投放回收装置与目前成熟的空中加油系统相仿。第三阶段的目标包括开发一套完整的技术演示系统，并进行机载发射和回收多架"小精灵"的飞行演示。2020年1月X-61A"小精灵"无人机完成首飞，后续将先后完成使用C-130运输机开展多架无人机的空中投放回收验证，回收速率为每半小时4架。

3. 低成本无人机集群技术（LOCUST）

2015年4月16日，美国海军研究办公室公布了低成本无人机集群技术（LOCUST），别名"蝗虫"，旨在开发一种小型、低成本无人机集群系统，以其自主性压倒对手。LOCUST项目聚焦于发展通过发射管将大量可进行数据共享、自主协同的无人机快速连续发射至空中的技术，实现目的性集群飞行、协同配合，对敌方目标执行侦察、打击任务。

LOCUST无人机主要由发射系统、无人机、管控系统三部分组成。无人机发射后，折叠翼可迅速展开，随后依靠机体惯性对目标进行毁伤，也可通过挂载战斗部对目标进行攻击，指控系统由操纵器、天线等硬件设备和软件系统构成，可安装在多种平台上，用于对无人机集群实现遥控指挥。无人机自主集群飞行技术具有去中心化、自主化和自治化三个显著特点。"集群"中的个体均未处于中心控制地位，在单一平台性能受损后，集群仍可有序协同执行任务以降低系统被破坏的敏感性。飞行个体间具备位置共享及路径规划、感知规避等关键能力，"集群"根据设定自主飞行，将指挥员从繁重的作战任务中解放出来，必要时人员又可随时干预。任务中无人机自动形成一个稳定的集群结构，一旦有任何单个平台因丧失功能脱离群体或因任何原因改变结构位置，新的集群结构会快速自动形成并保持稳定。

2015年3月该项目完成演示验证工作，其中包括发射可携带不同任务载荷的"郊狼"（Coyote）无人机，并完成了9架无人机完全自主同步和编队飞行的技术验证。"郊狼"无人机采用发射管发射，可在不依赖GPS的环境下，基于光电/红外传感器及惯导装置进行导航，2016年4月又成功完成30架"郊狼"无人机的连续发射及编队飞行试验。

目前，美国无人机集群作战项目在系统架构、平台研发和无人机控制技术上已有较多的技术积累，但当前无人机系统尚不具备高等级自主能力，且受到机载传感器载荷技术上的限制，目前没有系统级别的集成能力。

6.3.2 集群作战应用

集群作战（机-机自主协同）的概念是一群小型无人机自主协同作战，利用传感器三角定位优势，通过网络在集群内各节点实时共享平台自身信息、外部载荷数据等，从而根据交战实际情况，快速处理和分配载荷任务。小型无人机集群（机-机协同）作战最大特征在于体系的区域分布性，单元自主特性以及"去中心化"特性，集群中的个体单元均未处于中心控制地位，在单一平台受损后仍可有序协同作战，所以集群作战具有极佳的战场生存能力和任务完成能力，可完成目标探测、集群攻击、突击作战及分布式作战等作战任务。

1. 目标探测

在目标探测方面，小型无人机因具有低截获概率、低检测概率（LPI/LPD）的内在特性，可在敌方防区内执行远程侦察，或飞到云层下方近距离侦察、监视、跟踪多个目标。多架无人机可针对目标辐射源通过三角定位对其完成探测，亦可通过外辐射源方式对目标进行定位。外辐射源方式要求有特定的辐射源照射目标，再通过外辐射源的直达波与目标反射回波进行相关处理并定位。外辐射源可以采用我方已知的外辐射源，如地面电台或地面雷达，也可利用无人机的无源侦察设备搜索敌方的外辐射源，如预警机等。

2. 集群攻击

无人机集群的典型攻击模式是由运输机或战斗机等大平台携带至防区外发射，集群式作战网络基于各平台的位置、任务参数、载荷能力、预期效果，为每一项优先作战任务选择分配最适合的无人机。无人机集群除可接近目标实施"自杀式"攻击或引导己方导弹实施打击外，还可对目标实施电子战"软杀伤"。集群通过三角定位、时频差等无源精确定位与瞄准技术，综合利用多平台上的侦察资源、统一进行任务的动态分配，为引导目标信号干扰提供决策，压制敌方导弹防御系统、切断敌方通信乃至向敌方数据网络中注入恶意代码，实现"赛博攻击"等功能。

3. 突击作战

无人机集群系统可以作为先锋在未知区域执行各种高危险作战任务，作战方式包括突击作战、反辐射攻击、掩护作战等。

在突击作战中，无人机集群既可以扮演先导突击的角色，又可以担负防空反导的任务，比如在火力打击作战中，采用各类攻击型无人机隐蔽进入敌前沿，对敌重要目标实施近距打击，可以提高打击效果；在防空反导作战中，利用无人机集群前出预先部署，可尽早发现并拦截敌方空袭兵力，尤其是随着隐身无人机的发展运用，通过渗入敌导弹发射区上空，实时侦察、监视和跟踪敌导弹发射信息，可以为末端防空赢得更多预警时间；在反辐射作战中，利用无人机集群优势针对敌防空系统以反辐射打击为手段、以压制为主要战术目的，使敌方雷达处于开机即被毁、关机即失效的不利地位，达到瘫痪敌防空系统的目的，为后方航空兵力赢得有利战机。

此外无人机集群还可执行登陆掩护作战，即针对敌方指挥控制系统、信息网络系统实施一体化打击，为登陆兵力夺取信息控制权提供先决条件。由于登陆作战各个阶段的任务、特点、要求不同，无人机集群的使用需要紧密结合任务灵活运用。首先登陆作战中作战准备阶段，无人机需要侦察敌方电子武器系统情报、消弱其作战能力，无人机集群可通过异构编队将诱饵机、侦察机等提前部署到规定空域，采用欺骗、诱饵等方式引导敌方火控、跟踪雷达开机，并对敌方雷达进行侦察；其次突击登陆作战阶段，利用无人机集群实施近距离支援干扰，无人机将干扰设备投放至目标和己方编队之间，以电子干扰掩护攻击编队的突袭。

4. 分布式作战

分布式作战是指在航空兵作战时，采用无人机集群分布的方式对敌方进行抵近袭扰，压制敌方雷达、打击敌重要节点和目标的作战方式，比如分布式突击、分布式干扰等。

利用无人机集群进行分布式突击是指采用多架无人机在从不同方向、阵位对单个或多个目标同时进行打击的方式。进行分布式突击时，通常预先在某一个方向派出一定数量的无人机作为诱饵分散敌感知系统，随后，其他方向和阵位的无人机开始对各自目标实施突然袭击，以提高作战效能。同样的方式，采用分布式无人机将多个干扰设备分布在指定区域的各个方位，对敌雷达系统实施多方位干扰，形成组网压制，可更有效地应对新型抗干扰和组网雷达。

6.4 联合作战

水面舰艇在海上单独执行任务时，由于其对空中及水下作战平台的探测、防御和攻击存在部分的能力缺陷，因此当单个舰艇甚至编队面临空中、水下等威胁时，通过搭载具有这方面优势的无人机，可以做到补齐短板、提升体系作战能力的作用。一般通过搭载具备高空轰炸、警戒探测能力的垂直起降无人机和具备水声通信的水陆两栖无人机实现。比如将搭载轰炸弹药的高空无人机，配备水声通信装备、声呐浮标的水陆两栖无人机与水面舰艇搭配使用，可以构建高空、水面和水下立体作战体系；将察打一体无人机与武装直升机、运输直升机及两栖特战力量搭配使用，可以构成联合登陆作战体系。

6.4.1 空海一体作战

"空海一体作战"是美军2010年《四年防务评估报告》提出的新的作战概念，以应对敌对国家发展反介入、区域拒止能力对美军构成的威胁。其实质是充分利用航空航天、网络、信息等方面的绝对优势，以日、韩、澳等盟国的作战和后勤基地为依托，构建一个由天基、空基、海基平台等组成的多层次立体作战体系，在全维空间内将空军、海军的传感器系统打击力量，防御力量和支援力量更加紧密地融合在一起，协同作战以摧毁作战对象的反介入、区域拒止能力，确保军队顺利投送军事力量，开展大范围的作战行动。

1. 舰载无人机参与航母编队空海一体作战

美军空海一体作战构想认为，其假想敌所具有的反介入/区域拒止能力可将美国航母编队拒之于第二岛链之外，对方的反太空武器还将削弱美军太空平台所形成的信息优势，对方军队依靠其战略纵深和先进的防空系统将对进入其领空的美军作战飞机构成极大的威胁。根据该假想，美军空海一体战武器装备应具备大于 1800km 的远程打击能力，具有向对方纵深危险区域目标实施远程空中打击的能力，具有隐身突防和持续作战能力等条件。X-47B 舰载无人作战飞机作战半径 2960km，持续滞空时间 17.9h，持续作战时间 9.2h，加上其隐身设计和多种武器载荷配置，使其在远程打击、隐身突防和可持续作战等方面均满足空海一体战构想的作战需求，可以说是空海一体战的理想选择。

根据美军"空海一体战"概念，X-47B 等舰载无人作战飞机部署于航母后，将形成"远程快速响应、中程连续介入、近程持久控制"的三段火力打击模式，大幅缩短航母参与全球作战的时间。"远程快速响应"阶段，航母编队可在距离战区约 6000km 处投放第一个 X-47B 作战编队，该编队可在 8h 内到达战区，并在空中加油机的保障下连续作战，实现航母战斗群对危机事件的快速响应，同时航母编队全速开进，2~3 天后到达距离敌区约 2300km 位置。"中程连续介入"作战开始后，航母编队将增加投入作战的 X-47B 编队数量，完成主要作战行动。敌方对航母战斗群的主要威胁消除后，进入"近程持久控制"，航母战斗群前进距敌 900~1000km 附近，各型舰载机均可参与作战，航母战斗群基本完成战场的控制。

2. 舰载无人机参与水面舰艇立体化反潜作战

在"无人系统集成战斗问题 21"演习中，美国海军对 MQ-9A 无人机、"海上猎人"等无人艇以及无人潜航器的战术与作战能力进行了测试，进一步验证了空中、水面与水下无人系统未来融入美军立体化反潜作战体系中的发展趋势。同时也可以看出，未来反潜机/无人机协同、潜艇/无人潜航器协同、无人水面艇反潜作战以及多平台跨域反潜等将成为美国海军重点发展的反潜作战样式。演习中 MQ-9A 进行了潜艇探测试验，相关情报表明，该型无人机现阶段可能已经具备通过投放反潜声呐实现探测识别与跟踪潜艇的能力。图 6-5 所示为 MQ-9A 无人机投放声呐浮标的场景。

图 6-5　MQ-9A 无人机在测试中投放声呐浮标

未来若将 P-8A 与搭载声呐浮标的 MQ-9A/B 等无人机联合，可在更短的时间内为反潜提供更为广域的侦察网络，而无需大量的人力和其他资源。MQ-9A/B 反潜无人机在低空执行任务，P-8A 反潜机则在高空对其进行监控指挥，并执行战场的侦察与反潜管理任务，通过卫星数据链将声呐浮标所获取的信息与作战飞机、舰艇等共享，实现立体化反潜网络中不同作战平台的高效协同作战。

6.4.2　两栖联合作战

近距空中支援，是以航空兵支援地面、海上、两栖登陆及特种部队，对敌前沿或浅近纵深地区进行空中火力突击的一种作战方式，作战时一般由固定翼飞机或旋翼机实施。所谓"近距"并不是专指距离，而是指一种作战状态，它可以针对与己方部队处于近战状态的敌军在任何时间、任何地点实施。

无人机遂行近距空中支援作战一般包括侦察、态势分析、决策、打击四个环节，其中打击环节由无人机单独完成，其余各环节需要无人机与地面部队密切配合。配合的有效性不仅取决于协同的技术和手段，还取决于协同的组织形式。近距空中支援的实施，一般是由地面作战分队向指挥部提出申请，而后由无人机负责实施。当前广泛用于近距空中支援的无人机主要是美国"捕食者"系列无人机。尽管该系列无人机执行包括传统情报监视与侦察等在内的多种任务，但最常见的任务是战术侦察和近距空中支援。2002 年 MQ-1B "捕食者"在阿富汗战争"蟒蛇行动"中发射 AGM-114 "海尔法"导弹摧毁了一个加强的机枪掩体，被认为是无人机首次应用于近距空中支援。在利比亚打击"伊斯兰国"的行动中，MQ-9 "死神"无人机 90%的打击行动也属于近距空中支援。

在近距空中支援时,无人机首先要对作战区域进行长时间的实时侦察和监视预警,为地面指挥决策提供情报依据;随后在适当时机根据作战计划,引导地面火力装备对敌方关键节点进行火力打击,评估打击效果,并视情进行补充打击。针对位于地面火力盲区、死角或者打击范围之外的敌方目标,地面部队可派遣作战小分队,引导无人机实施精确打击,完成火力支援。此外无人机还可为特种部队、登陆兵力作战行动提供危险区域、隐蔽目标的实时情报、火力支援,从而提高作战效能。

第7章 新型舰载无人机作战应用

2013年7月10日，X-47B舰载无人机在美国海军"布什"号核动力航母上成功降落后，成为第一架能够从航空母舰上自行起飞和降落的隐身无人作战飞机。该型舰载无人机在航母上起降成功，不仅意味着无人机技术上的一次飞跃，更为改变未来海上作战方式开启了全新模式。近年来随着舰载无人机技术的发展和完善，新型舰载无人机的型号、数量越来越多，无人机与水面舰艇武器系统、作战平台以及其他兵力的融合也更加深入。未来，舰载无人机将更多地应用于这些作战领域。

舰载无人机与舰载有人机、水面舰船、两栖登陆兵力以及潜艇部队执行协同、联合作战，一般包括协同对海侦察打击、联合登陆作战、协同搜攻潜等作战模式。

（1）舰载无人机在执行海上作战任务时可与舰载有人机进行编队协同侦察监视和预警探测，及时搜索、发现跟踪敌情，提供预警信息，从而有效扩大作战平台的感知范围。当发现可疑海面目标时，舰载无人机可利用光电、雷达成像手段对目标进行识别，为海上舰艇或舰载有人机实施打击提供引导。火力打击后，舰载无人机可对毁伤效果进行评估，并视情进行补充打击。此外，使用舰载电子战无人机进行电子压制、干扰，对敌方海上舰艇编队的雷达、指挥通信、舰船护卫系统等形成遏制破坏，可极大提高己方作战优势。

（2）舰载无人机执行联合登陆作战任务，是无人机实施近距离空中支援战斗的一种样式。在登陆筹备阶段，可以利用无人机对预定登陆区域的地理、水文条件以及地方兵力部署情况进行侦察，为确定登陆的时机、地点、兵力分配提供情报支撑；抢滩登陆阶段，无人机可对战场环境实时监控，引导舰船对敌方重要目标进行火力打击，使用电子战无人机对敌方通信、雷达实施干扰和破坏，攻击无人机还可在地面部队的引导下提供火力支援，配合作战分队抢占滩头，占领有利据点；抢滩登陆成功后，无人机可协同登陆部队，对占领区域实施区域管控，为巩固登陆战果及进一步的军事行动奠定基础。

（3）无人机配合反潜直升机、固定翼反潜巡逻机、反潜舰船和潜艇等，通过信息共享，可以对水下可疑目标进行刺探定位和监视，引导海上部队实施水下封锁和攻击，甚至直接使用无人机进行反潜打击。使用无人机进行反潜协同，不仅有效保证了反潜巡逻机的安全，还可以极大地扩大海上舰船的反潜范围，有效增加空中反潜搜索的密度，是水下封锁的一大利器。

本章主要从新型舰载无人机在水面舰船上的应用出发，详细论述其结构性能特点、作战保障、作战场景及作战模式等问题。7.1节论述固定翼垂直起降无人机部署于驱护舰及两栖攻击舰的作战应用问题，包括对海、对潜搜索、支援两栖登陆作战相关内容；7.2节介绍倾转双轴四旋翼无人机部署于水面舰艇的应用场景，包括协同反潜、巡逻护航、消防搜救以及物资投送等内容；7.3节论述水陆两栖无人机部署于两栖登陆编队的作战应用问题，包括支援两栖登陆作战、对海突击、海上封锁等内容。7.4节论述可变翼超声速无人机在大型海上平台的协同作战应用问题，包括与有人机组成编队，执行协同对空作战、侦察打击、电子对抗、空中预警等任务。

7.1 舰载固定翼垂直起降无人机作战应用

舰载固定翼垂直起降无人机具备固定翼螺旋桨飞机巡航时间长及复合直升机垂直起降的优势。通过搭载声呐浮标等侦察探测设备，该型无人机可部署于驱护舰执行对潜搜索和攻击任务；同时利用其超低空失速飞行和悬停机动等特点，通过搭载光电探测设备和小型攻击武器，该无人机可部署于两栖攻击舰执行两栖登陆作战等任务。

7.1.1 无人机特点

舰载固定翼垂直起降无人机具有以下特点：一是无人机采用鸭式气动布局，机身前部左右侧布置两对三叶螺旋桨，尾部采用喷气推进，喷口可上下转动，因此其巡航时间长、速度相对较快、机动能力强；二是无人机利用倾转旋翼和可转喷口设计，可以像复合直升机一样实现垂直起降、低空失速飞行、悬停、姿态转换等功能，图7-1、图7-2所示为无人机在垂直起降和巡航时的姿态图。

图7-1 无人机垂直起降时姿态图

图7-2 无人机巡航飞行时姿态图

凭借以上特点，该型无人机可以实现在水面舰船上起降、高空长航时巡航，低空悬停作业，失速机动规避等战术动作，适合在空中威胁较小的海域执行反潜、搜救等作战任务；同时无人机部署于两栖攻击舰船后，可在复杂山林地区、岛礁密集区执行两栖支援作战任务。

7.1.2 作战基础

1. 起降方式

舰载固定翼垂直起降无人机部署在两栖攻击舰时，为了更好地发挥其快速响应和高速机动优势，延长滞空时间，增加载弹数量，通常采用短距起飞、垂直降落的方式收放，如图 7-3 所示。部署于其他水面舰船时，则采用垂直起飞和垂直降落的方式起降。

由于该机型属于倾转旋翼与固定翼结合的喷气式无人机，因此在垂直起降时，旋翼和尾喷管会同时产生竖直向下的气流和尾焰，为保障无人机垂直起降，同时保护飞行甲板免受发动机尾喷管高温气流的灼烧，起降部位应设置隔热挡板。

图 7-3 无人机在海上平台垂直起降图

2. 导航、制导与控制

舰载固定翼垂直起降无人机采用 GPS/惯性导航组合导航方式，系统安装微机电陀螺仪、加速度计、磁力计、气压计、GPS 或北斗导航系统，红外/激光传感器等设备，采用被动雷达/红外双模寻的制导系统制导，初始和中期使用指令制导或程序、卫星制导方式控制无人机飞行，末端根据目标的性能特点采用主动、半主动或被动寻的制导方式跟踪和抵达目标区域。

舰载固定翼垂直起降无人机搭载平台设置舰面控制站，控制站内配备舰载无人机通信、指挥、操控人员，可实现无人机航路规划、起降飞行控制、任务载荷操控和目标监视打击评估等功能。飞行控制系统针对舰载无人机特点设计，其机载飞行控制系统与舰面站除了保障无人机进行垂直起降控制外，还要具备短距起降、悬停、低速飞行、垂直起降与巡航姿态转换控制等功能。

3. 任务载荷

无人机侦察监视载荷采用合成孔径雷达、电视摄像机，并通过多探测转塔合成搭载。通信载荷采用 Ku 波段卫星通信链路，用于超视距范围无人机的测控与侦察信息传输；攻击类任务载荷采用空对地精确制导导弹、小口径炸弹或小型激光制导导弹；搜攻潜载荷包括声呐浮标、航空深弹或鱼雷。

无人机反潜任务系统由反潜战术任务单元、悬挂管理单元、声呐浮标信号接收处理单元、雷达、光电、挂架、声呐浮标、深弹、鱼雷武器组成。其中反潜战术任务单元主要完成无人机反潜战术计算，浮标、鱼雷、深弹投放参数计算和投放控制，雷达、光电搜索区域计算及控制等功能；悬挂管理单元主要完成浮标、鱼雷、深弹、雷达和光电的状态管理及控制；浮标信号接收处理单元主要完成布放的浮标信号接收及信号处理，以供反潜战术任务单元战术计算使用；雷达和光电设备主要完成对潜望镜状态或海面航行潜艇的搜索、探测和跟踪；挂架主要完成浮标、鱼雷、深弹的挂载和投放；声呐浮标布放后，主要完成作战海域水文环境测量和潜艇目标测量；深弹和鱼雷主要用于对捕获的潜艇目标进行攻击。雷达采用小口径、轻量化、自导化设计，以提高固定翼无人机携带的便利性和对潜攻击的有效性。

7.1.3 作战应用

1. 反潜作战

如图 7-4 所示，舰载固定翼垂直起降无人机在驱护舰部署时主要用于发现并追踪敌方潜艇及小型水面舰艇等，引导己方火力进行打击。无人机利用其低空失速飞行的特点在敌可能活动区域布放声呐浮标，并于该区域附近进行低速巡航搜索，一旦发现潜艇踪迹，立即通过数据链向母舰发送目标指示，指引发射鱼雷进行攻击。无人机执行该类作战任务一般经历任务准备、舰上起飞、巡航搜索、跟踪确认、布放声呐浮标、指引打击、效果评估、结束返航几个过程，如图 7-5 所示。

图 7-4　舰载固定翼垂直起降无人机反潜作战场景

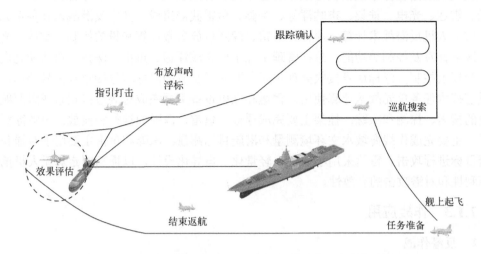

图 7-5　舰载固定翼垂直起降无人机执行搜攻潜任务过程示意图

任务准备阶段主要是按照任务要求和情报数据（包括初始目标位置、种类、图像、防空火力等）进行任务规划，制定侦察打击方案，主要包括使用武器种类、数量，侦察打击航路、载荷工作规划、武器投放方式等。任务计划拟制完成后在起飞前装订完毕。

完成任务准备后，无人机从舰上以垂直起降方式自主起飞，起飞后爬升至设计高度，并按照预定航路巡航飞行。无人机前出至任务海域上空后开始实施搜潜作业，包括飞行巡逻、可疑区探测、定点探测以及投放声呐浮标探测等。夜间主要通过投放声呐浮标探测，发现敌艇踪迹后，立即进行定位识别、追踪及攻击，或引导己方远程火力实施打击。在此期间，无人机需保持一定的飞行状态，以确保对目标的紧密监视和数据链畅通。

武器发射后，无人机通过拍摄等方式进行战场毁伤勘查，并将拍摄图像实时传送给作战指挥人员评判，以决定是否再次进行打击或返航。若打击未达到预定效果，舰面控制站操纵人员应控制无人机进行机动，并引导武器平台实施再次打击。完成任务后无人机在舰面控制站的操纵下返航着舰。

2. 支援两栖登陆作战

如图 7-6 所示，舰载固定翼垂直起降无人机部署在两栖登陆舰船或驱护舰上，用于支援两栖登陆作战时，利用无人机悬停和低空机动特点，在海面、山林、岛礁掩护下完成隐蔽接敌、近距离观测和精确打击任务。该型无人机在作战中主要作用是配合特种登陆兵力，预先摧毁敌隐蔽的火力据点、指挥中心、岸基雷达、电力网络以及后勤保障设施等，为主力部队实施大规模两栖登陆作战做准备。无人机作战过程包括舰上起降、低空隐蔽飞行、近距侦察、精确打击、原路返航。

图 7-6　舰载固定翼垂直起降无人机支援两栖作战场景

任务准备阶段的工作包括按照任务要求和情报数据进行航路规划，数据链建链以及任务载荷装载。准备完成后，无人机以垂直起降方式自主起飞，起飞后低空飞行，并借助海面小目标潜入登陆地区进行侦察。在此阶段，无人机通过释放诱饵弹、巡飞弹和反辐射弹等对敌前线防空系统、通信设施等进行打击，随后突入敌方阵地对重要目标实施精确打击、电磁干扰，吸引敌方隐藏火力暴露，引导有人机或平台武器系统实施导弹攻击。武器发射后，无人机及时进行战场毁伤勘查，并将拍摄图像实时传送给作战指挥人员评判，以决定是否再次进行打击或返航。完成任务后无人机在舰面控制站的操纵下返航着舰。

7.1.4　综合防御

舰载固定翼垂直起降无人机在执行反潜作战、支援两栖登陆作战时面临的威胁主要来自敌潜艇水声探测、舰艇及岸基防空导弹系统、电子战系统等。

其中音频探测技术综合利用高灵敏声音传感器，采集不同型号无人机螺旋桨发生的声音，实现目标的发现追踪，还可利用声纹特征对比预置数据库判定目标类型，缺点是嘈杂环境下效果差，且探测距离受风影响严重，最大作用距离仅数百米；高炮和防空导弹作为目前常用的反无人机武器，虽然具有技术成熟度高等优点，但其拦截命中率较低，导弹拦截成本高，不适用抵御大编队无人机群；反无人机电子战系统主要对无人机的卫星导航信号、遥控数据链路和电子元器件进行干扰破坏，特别是对需要与舰面、地面控制站传输遥控指令和战场信息的侦察型无人机威胁较大。

针对上述情况，舰载固定翼垂直起降无人机在作战过程中通常以主动防御的方式降低威胁。在执行反潜任务时，巡逻搜索阶段采用固定翼反潜机作战方式在可疑海域上空探测，并以潜艇声探测无法辨识的高度飞行。精确探测及跟踪打击阶段则采取直升机反潜模式，通过与有人机及水面舰艇反潜武器系统协同作战的方式进行对潜作战，缩短打击时间，提高打击精度和密度，确保自身安全。在支援两栖登陆作战时，则采取空地联合作战的模式，借助地面特种作战部队的近距离打击火力掩护，使用隐蔽接敌、预先侦察、近距离电磁干扰和分布式打击等战法，快速精准整体摧毁敌防空系统，同时确保自身安全。

7.1.5 风险防控

垂直起降无人机大多采用螺旋桨旋转产生的升力实现垂直起降，且旋翼类无人机由于涡环效应，在垂直降落时容易出现失衡和倾覆的危险。为避免这种情况发生，无人机降落时必须严格按照规定的步骤进行，禁止出现无人机垂直下降、急减速、姿态不平稳着舰等情况。

舰载固定翼垂直起降无人机在悬停以及低速超低空掠海飞行时，螺旋桨受气流突变影响容易导致无人机姿态失衡、坠机等危险；同时无人机在垂直起降状态与巡航飞行姿态相互转换时，受气流、高度、航速以及飞控系统程序影响可能出现姿态转换不平稳、高度跌落、短时失速等风险。为避免这些风险，主要采取提高飞行控制系统灵敏度、可靠性和容错性，加强操控人员对无人机飞行状态的检查和监控等措施解决。

7.2 舰载倾转双轴四旋翼无人机作战应用

无人直升机融合现代无人机和直升机的优点发展而来，既保留了无人机"零伤亡"、低成本的优点，又具有直升机垂直起降、定点悬停、低空躲避雷达探测的能力，因此已逐渐成为现代战场重要的新型力量。

目前在水面舰船上应用的无人直升机主要有 MQ-8C "火力侦察兵"、S-100 "坎姆考普特"等型号，它们在军事领域的应用已经遍布世界上多个国家和地区。根据已有的应用实例分析，当前及今后一段时期，各类舰载无人直升机在军事领域的应用主要集中于协同反潜、巡逻、护航、海上搜救以及作战保障等方面。本节主要论述一种新型无人直升机即舰载倾转双轴四旋翼无人机在水面舰艇上的应用。

7.2.1 无人机特点

舰载倾转双轴四旋翼无人机具备以下特点：一是该型无人机具备共轴直升机稳定性能高，螺旋桨直径小，发动机输出效率高等特点，部署于水面舰艇后，可执行物资转运，海上人员搜救任务；二是该型无人机姿态调整快，机动能力强，搭载于水面舰艇后，可用于执行舰艇消防救援和防核化洗消作业等任务；三是相对有人直升机，该型无人机具备长航时、经济性强、载重大等特点，可用于执行护渔护航、巡逻警戒、跟踪监视、应急通信等非军事行动。舰载倾转双轴四旋翼无人机外形结构如图 7-7 所示。

图 7-7　舰载倾转双轴四旋翼无人机外形结构

7.2.2　作战基础

1. 起降方式

由于该型无人机具备垂直起降能力，因此采用垂直起飞和垂直降落的方式起降。起飞时无人机依靠自身旋翼旋转做功，直接提高升力和飞行高度离开母舰；降落时按照进入起降位置、降低高度、降落回收的步骤着舰。

2. 导航、制导与控制

舰载倾转共轴四旋翼无人机采用 GPS/惯性导航组合导航方式，系统安装微机电陀螺仪、加速度计、磁力计、气压计、GPS 或北斗导航系统，红外/激光传感器等设备。采用被动雷达/红外成像双模寻的制导系统制导，初始和中期使用指令制导或程序制导方式控制无人机飞行，末端根据目标的性能特点采用主动、半主动或被动寻的制导方式跟踪和抵达目标区域。

对于舰载倾转共轴四旋翼无人机，水面舰艇搭载平台需配置舰面控制站、与有人机协同执行任务时需搭载机载控制站，控制站内配备舰载无人机通信、指挥、操控人员，可实现无人机航路规划、起降飞行控制、任务载荷操控和目标监视打击评估等功能。同时飞行控制系统需具备垂直起降控制、悬停、超低空飞行、原地转向等控制功能。

3. 任务载荷

侦察监视载荷采用合成孔径雷达、前视红外设备、电视摄像机以及多探测器转塔。采用 Ku 波段卫星通信链路通信，主要用于传输无人机状态数据、传感器数据以及定位数据等，数据更新速度要求大于 10 次/秒，传输速率满足视频传输要求。数据链终端重量不超过 20kg，电能消耗低于 200W。任务载荷包括无线声呐浮标、磁探测设备及核化生探测传感器。

7.2.3　作战应用

1. 协同反潜

舰载倾转双轴四旋翼无人机执行对潜作战任务时，通常采取与有人直升机协同作战的方式。执行任务时，有人直升机携带鱼雷、声呐浮标、磁探仪、雷达等反潜探测设备对任务海域内水下目标进行搜索，无人机携带声呐浮标、光电侦察载荷等轻型探测设备，在有人直升机指挥下执行辅助搜索，确认潜艇目标后由有人直升机进行打击。在有人直升机进行打击时，无人机持续跟踪水下目标为有人直升机提供定位信息。当有人直升机进行低空反潜时，无人机可携带中继设备作为有人直升机与后方舰船编队的通信中继节点，实现反潜态势信息的超视距传输，其作战场景如图7-8所示。

图 7-8　舰载倾转双轴四旋翼无人机协同反潜场景

2. 执行非战争军事行动

舰艇在执行跟踪监视、临检拿捕、护渔护航等非战争军事行动时，可以使用舰载无人机担负一部分职能，比如侦察监视、火力掩护、警告驱离等。

舰艇单独执行跟踪监视、巡逻护航任务时，由于装备长时间低负荷运转，人员连续轮班值更等原因，设备运行效率较低、成本较高。针对这个问题，舰艇可以通过搭载无人机协同作业解决。协同作业的方式为：舰艇在任务等待期以漂泊休整为主，期间派遣舰载无人机执行侦察监视任务，在形势紧迫以及任务转换期间，舰艇与无人机共同作业执行任务。

舰艇执行临检拿捕任务时，传统的小艇登临方式在效率、成本和安全方面均存在不少问题，而通过派遣无人机进行近距离监视、火力威慑和重要物资转运，可以有效解决这些问题。

3. 其他方面应用

舰艇由于空间狭小，舱室相互连通，易燃易爆物品和系统密集等原因，当损害发生时，舰员处置起来异常困难和复杂。目前传统的处置方法和器材装备经过不断的迭代改进，取得了一些成效，但是在面对重大险情和作战损害时，由于缺乏经验和实践，问题仍然无法有效解决。随着无人机在陆上和舰艇平台上的应用发展，尤其是在消防救援方面进行的成功实践，使得利用无人机参与舰艇重大损害处置并有效解决问题成为可能。

如图7-9所示，倾转双轴四旋翼无人机可以将泡沫灭火装置的水龙带、水枪提升至舰艇水面以上的各个高度和方位,利用空中优势对舰艇上层建筑外部进行灭火和降温,通过与舱内消防人员的配合,能更加有效、快速地限制和消除重大损害。同时由于无人机的无人化特点,可以减少人员防护压力、节省出动时间,在通信指挥和现场损害掌控方面更具优势。

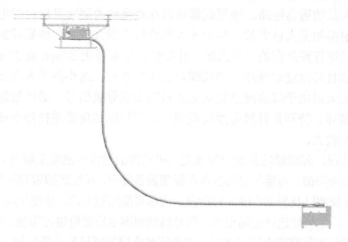

图 7-9　倾转双轴四旋翼无人机灭火洗消示意图

舰艇在海上执行搜救任务时,传统的方式是通过搭载直升机进行搜索。由于舰艇航速较慢、直升机续航时间短、人员易疲劳等原因,这种方式在搜救效果、成本、时效性等方面均不理想。双旋翼无人机由于横向尺寸小、续航时间长、飞行成本低、无人驾驶、保障方便等优势,应用于海上搜救领域可以起到意想不到的效果。以搜索范围为例,一艘搭载 4 架双旋翼无人机的护卫舰执行舰机协同搜索任务,无人机以舰艇为中心向四个方向同时出动,按照续航 4～6 小时,航速 200km/h 计算,搜索半径至少可以达到 400km 以上。同时无人机通过搭载红外热成像仪、小型多孔径雷达等载荷,还可以在夜间、恶劣天气、陌生海域执行长时间低空搜索任务。因此未来将该型无人机应用于海上搜救领域是必然的趋势。

舰艇在海上遭遇核生化威胁或者沾染时,传统的应对方法是快速驶离危险海域并进行辐射侦察、毒剂检测、开辟通道、全部洗消等作业。由于大部分舰员在面对这类威胁时,存在经验不足、操作不严谨等问题,因此在作业过程中难免会出现沾染和中毒等危险,而使用无人机代替人员执行上述任务,不仅能有效提高作业效率,还可以避免操作不专业、人员伤亡等问题。作业时,无人机携带洗消设备以及核生化监测传感器从隔离区域起飞,到达舰艇上空后按照核生化监测、局部洗消、全部洗消、质量检测的顺序一次性完成作业。舰艇还可以同时出动多架无人机,分区进行作业,作业完毕后无人机相互进行洗消,随后返回隔离区。

7.2.4　综合防御

舰载倾转共轴四旋翼无人机在执行反潜作战、非战争军事行动、战场保障等任务时面临的威胁主要来自敌潜艇水声探测、岸基激光武器、微波武器、反无人机电子战系统等。

音频探测技术综合利用高灵敏声音传感器,采集不同型号无人机螺旋桨发生的声音,实现目标的发现追踪，还可利用声纹特征对比预置数据库判定目标类型；缺点是嘈杂环境下效果差，且探测距离受风影响严重，最大作用距离较小。激光武器具备反应迅速、攻击速度快、命中率高、成本低、持续攻击时间长等特性，对小、慢、散低空无人机目标威胁较大。微波武器技术主要用于对无人机蜂群定向发射大功率干扰射频信号，切断无人机与操控人员的通信链路。该型武器可以在数毫秒内烧毁目标内部电子元器件，使进入微波束扫描面的无人机失效，对于无人机蜂群有极大威胁。榴霰弹武器是通过释放大量破片的方式进行硬杀伤的一种武器，作战时，榴霰弹由 30mm 或 57mm 口径的发射器发射，在到达目标附近时爆炸，形成弹片云进行杀伤，对小型无人机及无人机蜂群有极大威胁。反无人机电子战系统主要对无人机的卫星导航信号、遥控数据链路和电子元器件进行干扰破坏。特别是针对需要与舰面、地面控制站传输遥控指令和战场信息的侦察型无人机威胁较大。

针对上述情况，舰载倾转共轴四旋翼无人机在作战过程中通常采取有人/无人机协同作战的模式进行综合防御。为避免被潜艇水声探测设备发现，在巡逻搜索期间尽量采取高空作业的方式，贴近侦察以及释放声呐浮标阶段，应尽可能缩短时间，快速机动。在执行岸基战场保障任务时，应尽可能选择夜间出动，同时借助周围地形优势进行隐蔽，任务期间按照预先设定的航路规划或程序指令进行飞行，避免因敌电磁干扰导致失联失控。

7.2.5 风险防控

无人直升机由于受旋翼的涡环效应影响，在垂直降落时容易出现失衡和倾覆的危险。为避免这种情况发生，降落时必须严格按照进入起降位置、小角度斜向降低高度、降落固定的步骤进行着舰，禁止采取垂直下降、急减速、姿态不平稳着舰等方式降落。

旋翼类无人机由于航速较低，飞行高度小，机动作战频繁等原因，受到战场电磁环境干扰、发动机及控制系统自身故障等影响的风险极高。同时受气流影响，无人机容易出现姿态突变、失衡甚至倾覆等危险。为应对以上风险，可采取两个方面措施：一是提高飞控系统灵敏度、可靠性，加强数据链路抗干扰能力；二是关键设备采用冗余设计，提高旋翼部件和发动机结构强度和稳定性，加强无人机系统健康监视和故障检查。

7.3 舰载水陆两栖无人机作战应用

两栖攻击舰、登陆舰由于其使命任务及结构设计的限制，自身反潜、防空能力相比其他战斗舰艇相对较弱，因此在登陆舰执行相关任务时，需要其他空中和水面力量作为支援才能完成相应的作战任务。为弥补上述缺陷，完善该类舰艇在单独执行任务或局部作战中的防御能力，可利用水陆两栖无人机能够海上起降、舰艇回收的特点，将其应用于空中预警、两栖侦查打击等方面予以解决。

该型无人机通过与海上平台及登陆兵力的协同，可以有效提高两栖登陆平台自身的预警防护能力，提升登陆兵力战场情报的及时性、准确性和全面性，同时为两栖登陆兵力扫清障碍，减少损伤提供保障。

7.3.1 无人机特点

舰载水陆两栖无人机具备以下特点：一是无人机机身底部采用船型设计，左右设计副机身，机身与副机身之间设计鳍板，底部设计可收放式起落架及舱门，机身头部设计挂钩，因此该型无人机具备舰上起飞、海上起降的功能，且无人机破浪和稳定性较高，利用该特点，无人机可以实现舰艇、陆地、海上多平台转换，多样化保障等功能；二是无人机采用共轴反转涡轴发动机作为动力装置，机身和副机身设计大容量油箱，因此在海况良好的条件下无人机可以在海面进行长时间超低空飞行，也可以进行短时间的降落和再起飞操作。图 7-10 所示为水陆两栖无人机外形结构图。

图 7-10　舰载水陆两栖无人机外形结构

利用该优势，无人机可以根据战场形势和任务需求在高空和低海面进行灵活切换，从而实现高空长航时飞行、低空掠海飞行躲避雷达搜索等战术动作。

7.3.2 作战基础

1. 起降方式

部署于两栖攻击舰的舰载水陆两栖无人机采用甲板起飞、水上降落的方式放飞和回收。在具备滑跃甲板的海上平台发射时，一般通过滑跃方式起飞。对于具备弹射器的大型平台，则采用弹射方式起飞，如图 7-11 所示。部署于其他水面舰船时，舰载水陆两栖无人机也可以采用火箭助推方式发射。

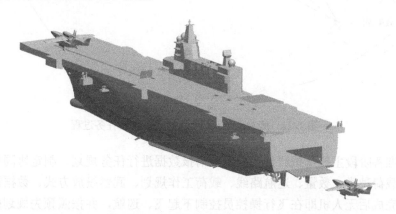

图 7-11　舰载水陆两栖无人机在两栖攻击舰上起降示意图

2. 导航、制导与控制

舰载水陆两栖无人机采用 GPS/惯性导航组合导航方式，系统安装微机电陀螺仪、加速度计、磁力计、气压计、GPS 或北斗导航系统，红外/激光传感器等设备，采用毫米波主动/被动双模寻的制导系统制导，初始和中期使用指令制导或程序、卫星制导方式控制无人机飞行，末端根据目标的性能特点采用主动、半主动或被动寻的制导方式跟踪和抵达目标区域。

舰载水陆两栖无人机搭载平台设置舰面控制站，控制站内配备舰载无人机通信、指挥、操控人员，可实现无人机航路规划、起降飞行控制、任务载荷操控和目标监视打击评估等功能。飞行控制系统针对舰载无人机特点设计，其机载飞行控制系统与舰面站需要具备控制无人机在海上降落以及在舰艇飞行甲板进行滑跃或弹射起飞的功能，同时搭载平台配套着舰引导系统及进坞牵引装置，用于无人机的海上降落引导及回收。

3. 任务载荷

无人机侦察监视载荷采用合成孔径雷达、电视摄像机，并通过多探测转塔合成搭载。通信载荷采用 Ku 波段卫星通信链路，用于超视距范围无人机的测控与侦察信息传输。侦察打击任务载荷采用空对地精确制导导弹、小口径炸弹、水雷、小型激光制导导弹。

7.3.3 作战应用

水陆两栖无人机执行协同作战任务的完整过程包括任务准备、起飞爬升、巡航搜索、锁定目标、引导攻击、效果评估、结束返航等过程，如图 7-12 所示。

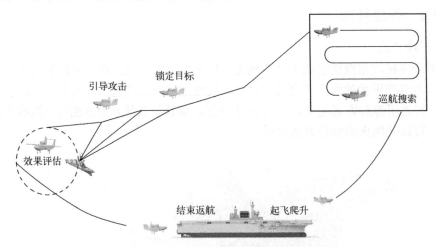

图 7-12 舰载水陆两栖无人机协同突击任务过程

任务准备阶段主要是按照任务要求和情报数据进行任务规划，制定协同作战方案，包括任务载荷种类、数量、巡航路线、载荷工作规划、武器投放方式、数据链建链等。任务准备完成后无人机即在飞行操控员控制下起飞、巡航，并按照预先规划的航路到达指定的任务区。巡航期间，当战场环境出现变动时，可进行人工干预，调整和实时规划飞行航路。

到达任务区域后，无人机打开光电、雷达侦察载荷，对任务区域进行广域侦察搜索，同时通过 Ku 波段卫星通信链路，将图像信息实时传输至舰面站或舰载机数据终端。平台操纵人员对侦察信息进行处理、判读，一旦发现可疑目标立即引导无人机转入监视航路，对目标实施定点的监视评估。舰上人员在分析目标性质、数量、运动要素等信息后，形成情报文档上报指挥中心确认，待指挥中心下达目标攻击命令后，即可转入跟踪打击过程。

无人机进行攻击程序前，一般要从巡航高度下降到对方雷达探测盲区进行低空突防，这期间无人机火控系统解算目标参数并将飞行指令和瞄准指向等信息输出给飞行控制系统，飞行控制系统根据指令调整飞行状态。当无人机满足武器发射要求时，由舰艇操纵指挥人员给出武器发射信号，控制战斗载荷投放。对于大型目标，无人机在敌探测盲区外飞行，同时通过卫星通信链路回传目标信息，引导空中或海上平台对目标实施攻击。平台发射导弹武器后，无人机继续为导弹提供目标信息引导，直至攻击结束。

第一波攻击完成后，无人机通过光电侦察方式将战场图像实时传送给平台操纵人员评判，以决定是否再次进行打击或返航。若打击未达到预定效果，操纵人员应控制无人机按照 8 字折返航线机动，并实施再次打击或引导攻击。完成任务后无人机在舰面控制站的操控下返航。

舰载水陆两栖无人机与水面舰艇平台或其他兵力执行协同作战的主要作战模式有：对海突击、协同对海搜索、封控以及协同两栖登陆作战等。

1. 对海突击

水陆两栖无人机在舰上弹射起飞或岛礁借助跑道起飞执行对可疑海区中小型目标侦察打击任务时，主要依靠低空掠海飞行进行近距离突防，在距离打击目标较远的情况下，一般要经历起飞爬升、高空巡航、侦察探测阶段。在抵达目标对空探测范围之前转为掠海飞行，随后快速机动执行低空突防、投射武器、高速撤离一系列战术动作。

无人机在近距离突防之前，为便于侦察搜索，无人机通过爬升到达平流层，利用空气密度小、气流稳定特点进行经济巡航，期间通过机载雷达和观测设备对可疑海域进行搜索，巡航距离范围一般大于平台对海探测雷达最大作用距离。当无人机在高空侦探到海面目标后，随即转入低空突防阶段，此时迅速下降高度至距海面 1~5m，并以最大速度机动，当机动至距离目标 5~10km 范围时发起攻击，随即掉头撤离。攻击距离一般大于敌方近程防空武器射程，同时小于无人机本身的武器射程。

2. 协同对海搜索、封控

无人机在近距离执行协同对海搜索任务时，一般前出所属载舰进行警戒探测，协同水面舰艇，重点对低空、超低空的目标进行探测。在中程对海搜索中，有人机执行空中预警任务，无人机升空使用雷达、无线电侦察、通信侦察、光电等方式对海面目标进行探测。有人/无人机编队采用线性或扇形队列进行往返巡逻飞行，以雷达为主要警戒手段，辅助无线电侦察探测，形成大区域、全覆盖的警戒范围。当发现可疑海面目标时，无人机前出抵近目标采用光电、雷达成像等手段进行识别、定位。当确认敌方目标后，可通过超视距数据链将目标信息发送至水面舰艇平台指挥控制中心，为舰艇编队或有人作战飞机预先警戒和对海封控提供数据支撑。

水陆两栖无人机在舰上弹射起飞执行海上封控任务时，主要依靠低空隐蔽飞行到达编队外围封控海域，通过布放水雷、声呐浮标等水中武器对指定海区进行封锁，在拍摄和记录封控位置后原路返回。图7-13所示为水陆两栖无人机对海作战场景。

图7-13　舰载水陆两栖无人机对海作战场景

3. 协同两栖登陆作战

两栖作战编队实施登陆作战时，两栖攻击舰搭载的武装直升机以及驱护舰编队对陆攻击武器系统负责对敌岸基防御系统、重要目标与火力点进行定点打击，无人机负责对攻击目标进行搜索、识别与定位。

在开展登陆前，无人机前出进行侦察探测、精确定位并将侦察信息传回指挥中心，指挥中心引导其他航空火力和舰载火力对敌纵深炮火、防空阵地、机场、雷达站、指挥系统等进行攻击。在舰载武器系统打击过程中，无人机负责抵近进行目标指示与火力校射，在完成打击后，由无人机进行毁伤评估。

火力准备阶段过后，两栖作战编队开始兵力运输和登陆任务，此时无人机负责前出侦察，充当登陆部队与舰队的通信中继，也可以使用长航时的隐身无人机在战区上空盘旋，对新出现的敌方目标进行打击，为登陆部队提供即时的精确火力支援；同时对海岸线、交通线、据点以及其他关注区域进行长期监控，防止敌武装人员和车辆进入射击阵位或者伏击位置。图7-14所示为水陆两栖无人机参与两栖登陆作战的场景。

图 7-14 舰载水陆两栖无人机支援两栖登陆作战场景

7.3.4 综合防御

舰载水陆两栖无人机在执行对海作战、支援两栖登陆作战时面临的威胁主要来自敌水面舰艇防空系统、岸基防空导弹系统、电子战系统以及激光武器等。其中高炮和防空导弹作为目前常用的反无人机武器，虽然具有技术成熟度高等优点，但其拦截命中率较低，导弹拦截成本高，不适用抵御大编队无人机群；反无人机电子战系统主要对无人机的卫星导航信号、遥控数据链路和电子元器件进行干扰破坏，特别是针对需要与舰面、地面控制站传输遥控指令和战场信息的侦察型无人机威胁较大。

针对上述情况，舰载水陆两栖无人机在作战过程中通常以主动防御的方式降低威胁，即采取有人/无人机协同作战，空地联合作战的模式，通过隐蔽接敌、预先侦察、近距离电磁干扰和分布式打击等战法，躲避和防范敌防空系统、电子战系统对我进行的探测和攻击。

7.3.5 风险防控

舰载水陆两栖无人机在海上降落过程中，当航速过低或者机翼迎角过大时，容易发生失速坠机事故，当海面浪花或涌浪超过其安全降落极限时，容易出现机身结构损害、破损进水等问题。针对这一问题，主要应对措施是进一步完善飞行控制系统可靠性，同时严格控制恶劣海况下舰载无人机的起飞和着舰。

无人机在巡航阶段，为躲避敌方雷达探测，通常在平流层以上高空飞行，进入接敌或攻击阶段则迅速转入超低空飞行，因此需要经受高寒、高速、高盐以及敌电子战干扰等威胁，无人机系统数据链、电子设备、机体和发动机容易出现各类问题。应对措施包括两个方面：一是关键设备采用冗余设计，加强数据链路的抗干扰能力，采用自适应跳频技术、自适应天线系统以及数据加密等技术，确保通信链路迅速、准确、保密、畅通；二是在提高设备耐腐蚀、抗震、耐寒以及结构强度的同时，重视飞行前检查和实时健康评估检查，尽可能地减少无人机系统故障率。

7.4 舰载可变翼超声速无人机作战应用

可变翼超声速无人机由于其巡航时间长、超声速飞行阻力小、起降不易失速等特点，部署于大型水面舰艇平台后，在有人/无人协同作战方面具备比其他舰载无人机更多的优势。该型舰载无人机通过与各类有人机编组，用于执行协同电子对抗、对空作战、空中预警等任务。

7.4.1 无人机特点

如图 7-15、图 7-16 所示，舰载可变翼超声速无人机具备以下几个特点：一是无人机采用旋转脉冲爆震涡扇发动机推进，巡航时油耗低、噪声小，开启涡扇爆震联合工作模式时，推力相比传统涡扇发动机更强，油耗更小，整体效率更高；二是无人机机翼可折叠，巡航时升力大，失速速度更小，可提高海上平台降落的可靠性，当机翼折叠后，无人机升阻力减小，飞行气动性能更佳，配合发动机工作模式转换，可以实现超声速飞行；三是机身后部设计阻拦挂钩，前部设计结构加强的起落架，与大型平台着舰系统配合，可实现舰上起降。利用以上优势该型无人机部署于大型海上平台，与其他有人机协同配合，可用于执行远程侦察预警、对空对海打击、通信中继、电子对抗等作战任务。

图 7-15 舰载可变翼超声速无人机外形结构

图 7-16 超声速飞行时姿态图

7.4.2 作战基础

1. 起降方式

舰载可变翼超声速无人机可通过两种方式在大型平台起降和部署，一是通过舰面弹射和阻拦着舰系统实现起降，如图 7-17 所示；二是通过舰载运输机进行空中发射和回收。其中母机投放是由有人驾驶轰炸机、攻击机或运输机把无人机带至任务区域外，在适当的时机投放起飞的方法，无人机一般在有人机翼下安装。

图 7-17　无人机在海上平台上起降姿态图

2. 导航、制导与控制

舰载可变翼超声速无人机采用 GPS/惯性导航组合导航方式，系统安装微机电陀螺仪、加速度计、磁力计、气压计、GPS 或北斗导航系统，红外/激光传感器等设备，采用毫米波主动/被动双模寻的制导系统制导，初始和中期使用指令制导或程序、卫星制导方式控制无人机飞行，末端根据目标的性能特点采用主动、半主动或被动寻的制导方式跟踪和抵达目标区域。

对于舰载可变翼超声速无人机，机载飞行控制系统与舰面站需具备控制无人机在飞行甲板阻拦着舰和弹射起飞的功能。同时由于起降时可折叠机翼处于打开状态，在超声速巡航期间则处于折叠状态，因此飞行控制系统需要具备控制机翼折叠和打开，高低航速稳定切换控制的功能。此外可变翼超声速无人机搭载平台需配置着舰引导、着舰阻拦装置，以确保其在飞行甲板可靠着舰。

针对舰载可变翼超声速无人机执行的任务特点，系统还需具备相应的编队协同控制功能。无人机与有人机协同作业时需要配备有人机机载控制站，以实现编组协同飞行、任务规划、航路规划、目标分配、任务载荷操控等功能；在与有人机协同执行电子战、侦察打击等任务时按照主从编组进行飞行控制和作战协同，具备冲撞规避、障碍物躲避、目标寻找及队形保持等功能。

3. 任务载荷

无人机侦察监视载荷采用合成孔径雷达、电视摄像机，并通过多探测转塔合成搭载。通信载荷采用 Ku 波段卫星通信链路，用于超视距范围无人机的测控与侦察信息传输。

侦察打击任务载荷采用空对地精确制导导弹、小口径炸弹以及小型激光制导导弹。

4. 作战编组

舰载无人机编入航母后，舰载航空联队的整体作战能力得到极大提升，可进一步提高航母编队的情报、监视、远程攻击和近距离空中支援能力，从而满足舰队在危险区域外实施攻击的作战需求。无人机编入舰载航空联队主要分为攻击战斗机编组、电子战机编组、预警机编组。

攻击战斗机编组由2~3架无人机和1架有人战斗机组成。其中有人战斗机主要用于执行空中作战及空中加油任务。而无人机由于占用空间小，续航力及作战半径大等原因可用于装载部分备用弹药，并担负编队侦察监视任务。因此，将无人机编入舰载战斗攻击机群可提高编队的远程、持续攻击能力和情报、监视与侦察能力。

电子战机编组由2~3架搭载电子战载荷的无人机和1架有人电子战飞机组成。由于有人电子战飞机具备自卫能力，无须战斗机护航，而无人电子战机可以承担其基本的电子战任务，因此将无人机编入舰载电子战中队并承担部分电子战任务可以起到补充加强作用。

预警机编组由2~3架无人机组成。加装新型雷达系统、红外线搜索与跟踪系统、通信设备的无人预警机不仅能执行监视与侦察任务，而且还能为整个舰载航空联队提供指挥与控制支援。在指挥与控制方面，任何能与无人机保持联络的平台（如航母、驱逐舰、护卫舰和潜艇）都可通过无人机提供的信息来担任指挥与控制任务，并引导其他平台（如潜艇或驱逐舰）的导弹武器进行攻击。

7.4.3 作战应用

舰载无人机参与编队作战时，主要在有人机附近伴随飞行。作战时无人机通常前出一定范围进行抵近、预先或者分布式侦察打击、电子对抗，必要时无人机可作为诱饵吸引火力，为有人机规避提供缓冲时间。如图7-18所示，有人机与无人机协同任务过程分为起始飞行、集结组网、执行任务、返回降落四个阶段。

在起始飞行阶段，有人机和无人机根据指挥中心的指令，从各自海上平台起飞，向集结空域飞行。无人机在起飞前装订舰面任务/路径预规划数据。任务规划系统根据预先情报、任务计划，由任务规划人员根据初始任务和威胁数据库，对有人机与多架无人机进行任务路径规划，向其装订预编程的路径信息、目标信息和初始目标瞄准信息等；在集结组网阶段，无人机根据任务规划与有人机建立通信链路和指挥关系。无人机调整巡航速度和飞行方向，形成巡航构型，并通过自身通信载荷和卫星通信数据链路组成局部的控制与感知信息共享移动网络，进行无人机机群组网。完成组网后，机群以编队巡航速度向目标区域靠近。在该阶段有人机对无人机进行远距引导，引导必须综合考虑各种因素，包括编队的基本战术要求，同时也应考虑地面威胁的分布、燃油最省及时间最短等因素；在任务执行阶段，无人机在任务区遂行侦察搜索、目标跟踪与识别、攻击等任务，同时无人机将侦察信息传递给有人作战飞机，由飞行员进行评估决策，无人机根据飞行员的指令实施攻击；在返回降落阶段，无人机完成任务后，进行返航，着舰前无人机需要脱离有人机控制，并与舰面站建立数据链和指挥关系。

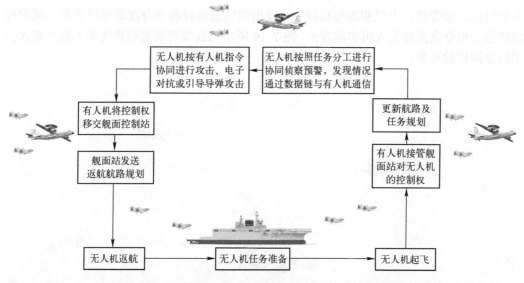

图7-18 舰载可变翼超声速无人机与舰载有人机编组协同作战过程图

舰载可变翼超声速无人机与舰载有人机编组协同作战主要模式有协同侦察监视、协同电子对抗、协同火力打击。

1. 协同侦察监视

航母舰载无人机主要用于对作战对象活动海（地）域实施侦察监视，主要采取两种不同使用方式。一是在进攻前，航母舰载无人机飞抵作战任务区巡逻飞行，掌握任务区内作战对象活动态势，供编队指挥员决策使用。根据打击行动需要，在任务区巡逻飞行的航母舰载无人机可应召飞抵待打击目标附近空域，实时获取目标信息，供引导远程打击兵力占领阵位及远程精确制导武器目标指示使用。二是根据毁伤评估任务需要，对作战对象波次打击行动结束后，预先部署至打击目标活动海域附近的航母舰载无人机应召抵近打击目标，获取打击目标毁伤图像信息，并实时回传至航母编队供目标毁伤判读使用。

2. 协同电子对抗

在航母编队进攻作战行动中，搭载电子干扰载荷的航母舰载无人机可伴随执行火力打击任务的有人作战飞机对作战对象实施电子压制。根据任务需要，搭载电子干扰载荷的航母舰载无人机编成无人电子干扰群，伴随舰载机群飞抵作战海域，对打击目标防空系统预先实施电子压制，降低目标防空系统抗击能力，保障舰载机群实现有效突防攻击。由于实施电子干扰的航母舰载无人机干扰阵位距离目标较近，危险性较大，通常采取多机交替进入干扰阵位接力开机方式实施干扰。

3. 协同火力打击

航母舰载无人机与舰载战斗机协同作战时，部署在舰载战斗机前方，深入对方纵深区域或防空火力密集区域执行侦察监视任务，可以为其他作战平台远程打击武器提供目标指示信息，对敌防空系统的雷达实施电子干扰，并以自身携带的反辐射导弹实施打击，对敌防空系统（地空导弹、防空高炮）进行压制和摧毁，为舰载战斗机夺取制空权清除障碍。舰载战斗机注重对空作战，打击敌方战斗机，作战过程保持电子静默，只接收无人机机群、预警机、卫星和地面指挥中心发出的信息情报和自身探测器的信息，或用极短的脉冲指令来指挥无人机实施攻击。图 7-19 所示为舰载可变翼超声速无人机与有人机编组协同作战场景。

图 7-19　舰载可变翼超声速无人机与有人机编组协同作战场景

7.4.4　综合防御

舰载可变翼超声速无人机在执行协同侦察监视、电子对抗、火力打击任务时面临的威胁主要来自敌水面舰艇防空系统、岸基防空导弹系统以及电子战系统等。

传统防空武器系统大多是利用雷达进行探测，这种方式对大型无人机探测预警效果好，但对活动在平流层以上的无人机却难以发现，对一些体积小、隐身性能好，超低空飞行的小型无人机更难以及时发现，且存在探测距离近、预警时间短的问题；而反无人机电子战系统主要对无人机的卫星导航信号、遥控数据链路和电子元器件进行干扰破坏，特别是针对需要与舰面、地面控制站传输遥控指令和战场信息的侦察型无人机威胁较大。

针对上述情况，舰载可变翼超声速无人机在综合防御方面主要以隐蔽行动，欺骗干扰的方式降低威胁。执行作战任务时采取有人/无人机协同作战的模式，依托体系作战优势通过隐蔽接敌、侦察预警、电磁干扰和分布式打击等战法，躲避和防范敌防空系统、电子战系统对我进行的探测和攻击。巡航阶段，无人机爬升至平流层以上高度飞行，对敌实施电磁干扰。侦察打击阶段，采取超声速机动、释放诱饵、假目标等方式隐蔽，尽可能缩短接敌时间，提高作战效能。

7.4.5 风险防控

舰载可变翼超声速无人机起降期间风险主要集中在阻拦着舰阶段，尤其是海况较差时，水面舰艇会出现大幅度纵摇和横摇的情况，此时无人机着舰极易出现撞击、坠海等事故。此外对于固定翼无人机来说，着舰过程中当航速过低或者机翼迎角过大时，也容易发生失速坠机等事故。针对这一问题，主要应对措施是进一步提高飞行控制系统、着舰引导系统可靠性，同时严格控制恶劣海况下舰载无人机的起飞和着舰。

舰载可变翼超声速无人机巡航期间，由于航速较高，飞行中当遇到突然出现的障碍物、飞鸟、海浪或阵风时，在极短时间内往往难以进行机动规避，从而导致撞击事故。应对措施是增强主动防撞系统，同时加强无人机超声速飞行时的监视检查，对于战场环境恶劣的区域，严格控制飞行高度和速度。

舰载无人机编队协同作战时无人机任务规划、飞行航路规划要求时间短、人工操作复杂，需要操控人员具备熟练操作和快速反应的能力，在战场环境瞬息变化、无人机数量多、飞行速度极快等情况下，容易出现因误操作导致的撞击、丢失、情况误判等风险。应对措施是提高无人机操控及指挥人员协同指挥能力，增强人员飞行操控技能、指挥管理以及协调配合能力，加强机组人员之间的有效信息交流和监管。

参 考 文 献

[1] 《世界无人机大全》编写组. 世界无人机大全[M]. 北京：航空工业出版社，2004.

[2] 黄长强，翁兴伟，王勇，等. 多无人机协同作战技术[M]，北京：国防工业出版社，2012.

[3] 段海滨，邱华鑫. 基于群体智能的无人机集群自主控制[M]. 北京：科学出版社，2019.

[4] 王庆五. 航模无人机微型涡轮喷气发动机结构与设计[M]. 延吉：延边大学出版社，2018.

[5] 袁兆成. 内燃机设计[M]. 北京：机械工业出版社，2008.

[6] 严传俊，范玮. 脉冲爆震发动机原理及关键技术[M]. 西安：西北工业大学出版社，2005.

[7] 李慎佩. 旋转阀式扇环形脉冲爆震-涡扇组合发动机关键技术研究[D]. 南京：南京航空航天大学，2008.

[8] 陈文娟，范玮，邱华，等. 外涵装有脉冲爆震加力燃烧室的涡扇发动机热力性能分析[J]. 西北工业大学学报，2010，28(2):240-244.

[9] 华阳，徐敬，周常尧，等. 以色列哈比无人机的现状与发展[J]. 飞航导弹，2006(9):38-40.

[10] 牛轶峰，沈林成，戴斌，等. 无人作战系统发展[J]. 国防科技，2009，30(5):1-11.

[11] 田雪利，肖刘. 外国军用无人机技术的发展趋势[J]. 海军装备，2010(7):63-64.

[12] 沈林成，朱华勇，牛轶峰. 从 X-47B 看美国无人作战飞机发展[J]. 国防科技，2013，34(5):28-36.

[13] 牛轶峰，肖湘江，柯冠岩. 无人机集群作战概念及关键技术分析[J]. 国防科技，2013，34(5):38-43.

[14] 李屹东，李悦霖. 察打一体无人机的特点和发展[J]. 国际航空，2014(9):24-27.

[15] 冯卉，毛红保，吴天爱. 侦察打击一体化无人机关键技术及其发展趋势分析[J]. 飞航导弹，2014(3):42-46.

[16] 谢荣增. 多无人机协同空战决策方法研究[D]. 厦门：厦门大学，2015.

[17] 宋怡然. 美国分布式低成本无人机集群研究进展[J]. 无人系统，2016(2):31-36.

[18] 罗德林，徐扬，张金鹏. 无人机集群对抗技术新进展[J]. 科技导报，2017，35(7):26-31.

[19] 顾海燕，徐弛. 有人/无人机组队协同作战技术[J]. 指挥信息系统与技术，2017，8(6):33-41.

[20] 牛轶峰. 无人机系统的自动化与自主性[J]. 无人机，2017(8):46-57.

[21] 赵先刚. 无人机作战模式及其应用[J]. 国防大学学报，2017(1):45-48.

[22] 张斌，付东. 智能无人作战系统的发展[J]. 科技导报，2018(12):71-75.

[23] 牛秩峰，沈林成，李杰，等. 无人-有人机协同控制关键问题[J]. 中国科技(信息科学版)，2019，49(5):538-554.

[24] 段海滨，张岱峰，范彦铭，等. 从狼群智能到无人机集群协同决策[J]. 中国科学（信息科学版），2019，49(2):1-8.

[25] 焦士俊，王冰切，刘剑豪，等. 国内外无人机蜂群研究现状综述[J]. 航天电子对抗，2019(2):61-64.

[26] 符成山，吴惟诚，雷东. 美军无人机装备现状及发展趋势[J]. 飞航导弹，2019(6):46-52.

[27] 帕斯夸尔·马克斯，安德烈亚·达·龙什. 先进无人机空气动力学、飞行稳定性与飞行控制[M]. 向文豪，张博勋，李东宸，等译. 北京：机械工业出版社，2019.

[28] 魏瑞轩，李学仁. 先进无人机系统与作战运用[M]. 北京：国防工业出版社，2014.

[29] 王进国. 无人机系统作战运用[M]. 北京：航空工业出版社，2020.

[30] 彭鹏菲，黄亮，姜俊，等. 舰载无人机系统及作战运用[M]. 北京：国防工业出版社，2016.
[31] 马逸君，战强. 一种横列双旋翼无人机的设计与运动控制研究[J]. 电气与自动化，2019(2):156-159.
[32] 管清宇. 横列式旋翼直升机飞行动力学与飞行控制研究[D]. 南京：南京航空航天大学，2012.
[33] 赵涛. 舰载无人机的发展[J]. 舰船电子工程，2010(4):21-25.
[34] 张晓敏. 舰载无人机作战使用研究[J]. 科技信息，2010(17):492.
[35] 李磊，王彤，蒋琪. 美国CODE项目推进分布式协同作战发展[J]. 无人系统技术，2018(3):63-70.
[36] 申超，李磊，吴洋，等. 美国空中有人/无人自主协同作战能力发展研究[J]. 战术导弹技术，2018(1):22-27.
[37] 徐梁，潘宣宏，吴铭. 有人/无人机协同反潜作战模式探析[J]. 中国舰船研究，2018，13(6):154-159.
[38] 蒋超，赵娜，闻子侠. 军用无人机飞控技术发展简述[J]. 中国军转民，2021(11):40-42.
[39] 薛猛，周学文，孔维亮. 反无人机系统研究现状及关键技术分析[J]. 飞航导弹. 2021(05)，52-56，60.
[40] 赵长城，高翔，樊琼剑. 浅析无人机飞行安全风险与对策[J]. 科技风，2019(32):7.